庭院景观设计

主　编　张郢娴
参　编　孙　媛　初　冬

机 械 工 业 出 版 社

区别于常见的家居生活布置指南类的庭院设计丛书，本书从理论、实训、案例三个层面系统地阐述了庭院景观设计的全过程。本书内容包括庭院景观设计概述，庭院空间的界定与功能属性，基地的调查分析与组织原则；庭院景观方案设计的生成过程，庭院景观设计要素，庭院景观设计项目实训。

本书可作为高等院校环境设计、风景园林、城乡规划、建筑学等专业的教材，也可供相关从业人员阅读参考。

本书配有教学大纲、授课 PPT、彩图等资源，免费提供给选用本书的授课教师，需要者请登录机械工业出版社教育服务网（www. cmpedu. com）注册后下载。

图书在版编目（CIP）数据

庭院景观设计 / 张郢娴主编. -- 北京 : 机械工业出版社，2024. 11. -- ISBN 978-7-111-76239-3

Ⅰ. TU986.2

中国国家版本馆CIP数据核字第20248BV305号

机械工业出版社（北京市百万庄大街22号　邮政编码100037）

策划编辑：李　帅　　责任编辑：李　帅　刘春晖

责任校对：张昕妍　李　婷　　封面设计：马精明

责任印制：郜　敏

北京富资园科技发展有限公司印刷

2024年11月第1版第1次印刷

184mm×260mm・8.75印张・209千字

标准书号：ISBN 978-7-111-76239-3

定价：29.90 元

电话服务　　网络服务

客服电话：010-88361066　　机　工　官　网：www.cmpbook.com

010-88379833　　机　工　官　博：weibo.com/cmp1952

010-68326294　　金　书　网：www.golden-book.com

封底无防伪标均为盗版　　机工教育服务网：www.cmpedu.com

前言

党的二十大报告指出："尊重自然、顺应自然、保护自然""要推进美丽中国建设""推动绿色发展，促进人与自然和谐共生"。良好的自然环境可以满足人民群众对美好生活的期待与向往，庭院作为生态系统中的一处微观环境，是与每个人的生活息息相关的栖居场所。每一处绿色、节能的庭院，都应该建立在尊重与顺应自然环境的基础上进行规划与设计，每一处宜居、优美的庭院都应该是美丽中国的一部分，设计师可以通过庭院的设计与建造，为实现人与自然和谐共生、实现美丽中国而贡献自己的力量。

每个人的心中都有一处梦想中的庭院，人们可以倾听庭院中潺潺的流水，可以回味芬芳四溢的环境，可以感受随季节变化而不断变换的景致。回顾历史，在公元4世纪之前，庭院是为人们提供饲养家畜、种植蔬菜、草药的场所，如古埃及的实用性园林、古巴比伦的空中花园、古罗马时期的柱廊园；而后，则逐渐发展成为贵族上流社会和文人志士品味玩赏的场所，如以苏州园林为代表的中国文人园林、意大利的台地园、法国的勒诺特尔式园林、英国的自然风景园等；到了19世纪，庭院则转变为丰富公众生活、改善城市生态环境的科学与艺术，如现代主义建筑师柯布西耶倡导的屋顶花园，再到当代百花齐放的各种园林艺术形式的呈现。尽管庭院在不同时代承载着不尽相同的功能和精神含义，但是有些特质的确是相对恒久稳定的，那就是对理想归宿的追求。那么庭院中的这种美好的景致，是以何种景观的形式表现出来的呢？设计者遵循什么样的设计原则、依据什么样的设计程序来建造和组织庭院的空间？这正是本书所要一一解答的疑问。

在庭院设计的整个过程中，不论是设计的组织原则，还是不同功能和不同界面的界定，不论是方案草图的推导过程，还是每一项景观设计要素的应用，本书在每个重点和难点部分，都通过大量方案图纸的形式，完整系统地剖析了庭院景观设计的方法与流程：从方案的立意到构思、从概念到形式、从二维平面构成到三维空间构成，图解的方式基本涵盖了庭院设计的各个环节。庭院景观设计属于实践性较强的课程，运用图文并茂、以图为主的方式，可以深入浅出地阐释庭院设计的整个过程，同时也能够使读者更直观地理解和掌握各个知识点。

本书为北京联合大学教材资助项目、北京联合大学教育教学研究与改革项目成果。第1章由初冬编写；第2章、第4章、第5章、第6章由张郢娴编写；第3章由孙媛编写。习题中除已注明的"多选题"，其余均为单选题。

编者水平有限，书中若有谬误之处，恳请读者批评指正。

编　者

目 录

第 1 章　庭院景观设计概述

本章讲述了庭院景观设计的基本内容和东西方庭院的传统造园理念的异同包括：庭院的基本概念、不同类型的庭院的基本形式和特点、私家别墅庭院的主要功能、在不同地域和不同文化条件下，不同风格庭院的发展背景及其产生的内在因素，并解读了现代庭院景观设计与东、西方传统造园历史的关系，同时从文化、审美、功能层面解读了庭院设计的内涵。本章重点要掌握别墅庭院的类型以及各自的空间布局形态。别墅庭院设计体现了业主的生活方式和行为习惯，是丰富家庭活动和户外活动的重要场所。因此，庭院设计的好坏直接影响着居住者的生活品质。

■ 1.1　庭院的基本概念

建筑物的前后左右或者被建筑物所包围的场地，均称之为“庭”或“庭院”。它是指具有一定庇护空间的、适合人们居住的户外活动场地。

■ 1.2　庭院的分类

1.2.1　别墅庭院

别墅庭院是指私家的花园，是最为常见的庭院设计类型，这也是本书所要介绍的内容。私家别墅庭院在功能划分上主要根据使用者的需求来进行，在设计形态上受到别墅建筑的影响和制约。庭院设计体现了业主的生活方式和行为习惯，它不仅能够营造适宜的微气候，同时更是丰富家庭户外活动的重要场所。因此，庭院设计的好坏直接影响着居住者的生活品质。

根据用地范围、建筑布局与功能的不同，别墅庭院可以细分为独栋别墅庭院、双拼别墅庭院、联排别墅庭院、叠拼别墅庭院。

独栋别墅庭院具有典型的住宅格局，一般的独栋别墅位于城市的郊区，庭院面积在400~1000m^2。别墅的建筑通常位于场地的中心位置，将院子划分为前院、侧院和后院，四周由围墙环绕。别墅的前院是连接住宅与公共道路的区域，是主要的入户空间，具有形象展示功能。因此，该位置的设计要彰显整个住宅的格调。后院则主要是业主内部休闲娱乐的场所，具有较强的私密性和功能性，因此在设计中要充分的了解与掌握业主的各种使用需求。侧院面积相对于前院和后院比较小，属于连接前院与后院的过渡区域。

双拼别墅是由两个单元的别墅拼联组成的单栋别墅，而联排别墅庭院则是由多个单户别墅并排建成的，每户之间共用一道山墙。这两种类型的别墅庭院会有独立的院落，但是面积较小，通常在100~300m^2。由于面积有限，所以可以把庭院看成是室内空间的延伸，功能较为简单、单一。此外，由于每户之间是紧邻相建，尤其是从楼上往下看，彼此之间的庭院一览无余，缺乏私密性，因此户外使用率较低。为了避免这种问题出现，设计者需要根据现状条件加以利用，或者在基地内融入各种设计元素，努力营造相对私密的空间。

设计者可以运用曲线或者斜线型的设计手法，改变场地规整狭长的形态，从而让空间灵动且充满变化。此外，要善于运用大型乔木、廊架、凉亭等元素，在庭院内营造遮蔽的空间，这种方式一方面可以在顶部空间进行围合限定，保证一定的私密性；另一方面也为业主在室外的休息停留提供遮阴的场所（图 1-1）。

利用廊架和乔木的冠幅营造遮阴空间（彩图）

图 1-1　利用廊架和乔木的冠幅营造遮阴空间

叠拼别墅庭院是由两组类似于复式的住宅上下叠加而成，如上部两层为一户，上叠会有露台；下部两层为另一户，下叠有地面花园。相对于高层住宅来说，这种形式的建筑品质较高且实用性强，无论是上叠的屋顶花园，还是下叠的地面花园，都满足了业主对花园生活的向往。另外，这种叠拼别墅庭院面积虽然比较小，但是一般比独栋别墅更靠近城市中心区，这里的业主不仅可以享受田园般的庭院生活，还能住在交通便利的都市圈内。

叠拼别墅庭院由于面积狭小，因此在设计中多以硬景为主，软景为辅，即硬质铺装场地的选择要同业主的日常使用需求相结合，尽量扩大庭院可活动的区域。另外在植物的配置上，上叠的屋顶花园应主要使用花盆、花箱等形式的植物种植池，在院落内进行绿色点缀；下叠的地面花园可以适量地种植一些花卉、灌木和小乔木。最后，将家具、灯具、装饰物的选用作为点睛之笔，选用典雅精致且与建筑风格一致的饰物，提升庭院整体的品质。

总之，庭院设计一般包含两部分的内容：一方面，庭院自身所包涵的功能属性和内容；另一方面，根据不同的地域背景以及人文条件下所赋予它的文化内涵。

1.2.2　办公与居住空间公共庭院

办公和居住空间公共庭院属于城市绿地系统的附属绿地部分，主要是为工作和居住在此的人员提供集中休憩活动场地，其主要功能包含了休息、聚会、散步、锻炼、娱乐、表演和展览等文化活动，以及一些不定期的商业活动。这种类型的庭院服务人群比较固定，大多数是附近的员工或者小区的居民，因此在设计中需要着重考虑使用者多元化的使用方式以及空间的交通功能。

1.2.3 商业空间公共庭院

商业空间公共庭院包含了一些商场中庭、商业街区、屋顶花园、商业会所、独立的餐厅等区域，这些场所都设置了供消费者使用的庭院空间，或者用以展示、举办各种活动，从而为商业行为获取更多的附加价值。这种空间环境介于私人与公共项目之间，服务人群相对固定单一，它在设计上一般具有较强的主题性，趣味性和视觉冲击力强，但是功能比较单一，所以设计形式可以丰富多样。

1.3 庭院的功能

1.3.1 使用功能

庭院最主要的功能是为业主提供使用功能：一是，满足使用者生活的基本功能，如晾晒、灌溉、储物、休息等；二是，为使用者提供休闲娱乐方面的功能，如锻炼、散步、休闲、聚会、饲养等；三是，满足使用者审美方面的需求，如赏景等。一个优秀的庭院景观设计应该将上述三种功能都包含其中，以设计的手段将不同空间和各个景观元素系统、合理、有效的组织起来，从而为业主提供休闲娱乐、修身养性的空间环境。

1.3.2 生产功能

庭院起源于人类的定居生活，以满足人们饲养家畜、种植植物的需求。目前，许多业主对具有生产性功能的植物较为青睐，尤其是老年使用者，他们喜欢在自家庭院里种植一些可食用的瓜果蔬菜，不仅能感受到农耕劳作的欢乐，而且还能感受播种与丰收的喜悦。这种兼具观赏性与经济性的植物，可以独立的选择一块区域种植，也可以将其与观赏性植物混合种植，这样还能够避免因农作物生长周期而影响整个庭院不同季节的景观效果。

1.3.3 环境功能

一位优秀的设计师不仅能够完全构建一处人造的庭院景观环境，而且更应该善于利用现有的场地条件来顺应或适度对自然环境进行改造，从而达到理想的居住空间，如在冬季主导风向为西北风的华北地区，应该在西北侧种植大型的常绿乔木或者堆土造山，有效地遮挡冬季的西北风；在南侧挖土积水、种植开阔的草坪、适当的设置硬质铺装场地，同时种植一两棵高大的落叶乔木，从而为业主日常活动营造舒适的微气候。

总之，微环境的营造要遵循因地制宜、巧于因借的设计原则，设计者需要巧妙地利用原有基地内的地形地势、植物群落以及与住宅建筑的关系等要素，对庭院的微环境进行再营造、再设计。

1.4 东西方庭院的传统造园理念

1.4.1 西方庭院的传统造园理念

早期的西方园林体现了人们对理想归宿的追求，《圣经》中的伊甸园、《古兰经》对天堂的描述，都成为人们在现实生活中建造各自心目中理想庭院的标准与范本。例如，波斯人正是按照古兰经描述的天堂来建造庭园，他们认为天国中有金碧辉煌的苑路、丰硕的果实和盛开的鲜花，还有钻石和珍珠镶嵌的凉亭。早在公元前五世纪，波斯就有了天堂园。它四面有墙，园中栽培大量的果树，装饰各种花木，设置供人休憩的凉亭，并将数个小庭园连接起来布置。典型的伊斯兰园林，是由十字形的水渠划分成四块，中央是喷泉或中心水池，每方的渠代表一条河，这些河正是《古兰经》“天园”中的水、乳、酒、蜜四条河。水渠两侧是园路，四块花圃低于水渠和园路。早期一些国家园林通常被看作是逃避现实生活的场所，也成了天堂的象征。

在西方文化的鼎盛时期，花园的设计呈现出了更加规整、秩序化的特征，例如，意大利文艺复兴时期的台地园、法国古典主义时期的勒诺特尔式园林。意大利的别墅园林多半建立在山坡地段上，就坡势而辟为若干的台地，即所谓的台地园。意大利台地园的基本布局形式：主要建筑物通常位于山坡地段的最高处，然后在它的前面引出一条中轴线，再根据地势高低不同而开辟出层层的台地，分别配置保坎、平台、花坛、水池、喷泉、雕像等设计要素，各层台地之间以蹬道相联系。法国勒诺特尔式园林属于典型的中轴对称的、规整的园林布局形式，这种空间格局充分彰显了皇权权威，即运用一切文化艺术手段来宣扬皇权至上。

1.4.2 东方庭院的传统造园理念

东方的花园起源较早，具有浪漫和诗意的情怀，它善于运用比喻、拟人的手法，将移情的设计手法转译到园林之中。

中国的庭院设计受到隐士文化和文人文化的影响。战国先秦时期的庭院设计，遵循天人合一的思想，几乎所有的园林都是按照“一池三山”或“三山五池”的模式建造。如若庭院面积很小，则用枯山水的方式取而代之，且直接影响了日本园林的设计。隐士文化的含义、风格与意境和中国园林艺术的成熟是互为表里的。如果说道家思想孕育了隐士文化，那么儒家思想则丰富了文人文化：诗需入画、景绘诗意。这些追求同时推动了文人园林的繁荣与发展；魏晋时期文人士大夫阶层兴起，开始出现了私家园林，“曲水流觞式”的庭院设计灵感大都来源于诗、画之中；到了唐宋期间，私家园林主要集中在中原和江南地区，其设计风格更加自然舒朗、秀丽雅致；明清时期的私家园林达到了历史上最为丰富的阶段，江南园林的大量建造体现了中国文人园林的基本风格特点。其中，山水画论和王阳明的“心学”等思想在文人庭院设计中有显著的体现，“格物致知”“天人合一”的思想，形成了最具中国特色的庭院设计风格。

1.4.3 现代庭院景观设计的传承与发展

西方的庭院设计从早期到现代时期，就像建筑设计一样一直受到重视，因此它是一条不间断的设计脉络。从十八世纪花园城市设计理念，到二十一世纪现代景观设计行业兴起后对庭院的探索；从中世纪的世界园艺博览会的举办，到现如今在世界范围的各种花园设计竞赛，都能够体现出西方景观领域对庭院设计的延续性。

与西方对庭院设计持续的热情探索相比，中国的私家园林在明清达到高潮之后，则进入了停滞时期，近现代时期的园林没有显著的进步与更新。到了 21 世纪后，由于全球化和城市化进程的加快，东、西方景观设计理念的相互融合渗透，直接影响了庭院设计的发展，尤其是私家庭院设计项目迎来了高速发展时期。

现代庭院景观设计的传承与发展，展现出了“重情”与“唯理”两方面的特质。“重情”表现在现代庭院设计以更为丰富多元的形式与手法，不拘一格的追求情感表达，以诗意栖居的情怀，寻找和建构理想的空间环境；“唯理”表现在庭院景观设计要遵守法律法规、设计规范、依赖科学技术等手段以及新型技术材料，以遵循“经济、适用、美观”的设计原则来打造各自理想的栖居空间。因此，以感性的“寄情于山水”为目标追求情感表达，以理性和秩序的构建为依据实现空间的建构，是庭院景观设计在当代传承与发展的重要特征。

习题

1. （　　）不属于仅供贵族上流社会和文人志士品味玩赏的场所？

A. 意大利文艺复兴时期的台地园

B. 法国古典主义时期的勒诺特尔式园林

C. 英国自然风景园

D. 古埃及时期的园林

2. 在进行别墅庭院设计初始阶段，设计师不应该关注的因素是（　　）？

A. 业主的基本使用需求

B. 别墅建筑的内部功能和建筑风格

C. 业主的生活方式和行为习惯

D. 设计师个人的喜好

3. 别墅庭院一般情况下可以分为（　　）。（多选题）

A. 独栋别墅庭院　B. 双拼别墅庭院　C. 联排别墅庭院　D. 叠拼别墅庭院

4. 一般条件下，以下（　　）的面积最大？

A. 独栋别墅庭院　B. 双拼别墅庭院　C. 联排别墅庭院　D. 叠拼别墅庭院

5. 一般条件下，以下（　　）的私密性最好？

A. 独栋别墅庭院　B. 双拼别墅庭院　C. 联排别墅庭院　D. 叠拼别墅庭院

6. 叠拼别墅上叠的屋顶花园在植物的选择上，一般不适合种植（　　）。

A. 草坪　B. 花卉　C. 盆栽　D. 高大的乔木

7. 在冬季主导风向为西北风的华北地区，建议在（　　）密植大型的常绿乔木或者堆土造山，有效地遮挡冬季的寒风。

A. 西北面　B. 东南面

8. 在冬季主导风向为西北风的华北地区，建议在（　　）挖土积水、种植开阔的草坪、适当的设置硬质铺装场地，同时种植少量高大的落叶乔木，从而为业主日常活动营造舒适的微气候。

A. 西北面　B. 东南面

9. 关于庭院的小气候，下列说法中错误的是（　　）。

A. 它是一块相对较小的区域内温度、太阳照射、风、含水量等的综合表现

B. 植物可以阻挡太阳的热辐射，通过蒸腾作用消耗大量热量，从而起到降温和增加空

气湿度的作用

C. 大面积硬质铺装对庭院小气候没有任何影响

D. 住宅的东边是所有区域中最温和的，早晨可以接受温和阳光的照射，午后则阴凉

10. 一般而言，在我国华北地区，喜阴植物和适应寒冷气候的植物在住宅的（　　）生长较好。

A. 东面　　B. 西面　　C. 南面　　D. 北面

11. 在西方古典园林中，（　　）表现出非中轴对称、非规整秩序化的特征。

A. 意大利台地园　　B. 法国凡尔赛园林

C. 英式自然风景园　　D. 苏州园林

12. 西方古典园林在各个设计要素使用上的特征表现在（　　）。（多选题）

A. 几何规则式布局

B. 轴线笔直的林荫大道

C. 善用雕塑与修剪整齐的绿篱

D. 善用喷泉瀑布等动态水景

13. 现代庭院景观设计的传承与发展，展现出了（　　）两方面的特质。（多选题）

A. 重情　　B. 唯理　　C. 经济　　D. 美观

第 2 章　庭院空间的界定与功能属性

本章讲述了典型的独栋别墅住宅用地包含的三个区域以及各个区域的主要特点、三个维度的空间界面，并总结出了独栋别墅庭院的几种室外空间和各个庭院空间的功能属性和设计要点。

《道德经》中：“埏埴以为器，当其无，有器之用。凿户牖以为室，当其无，有室之用。故有之以为利，无之以为用”。这段话的意思：和泥制作陶器，因为有了器具中空的地方，才有了器皿的作用。开凿门窗建造房屋，正是有了门窗四壁内的空虚部分，才有了房屋的作用。所以是“有”给人便利，而“无”真正发挥了作用。也就是说，器皿的作用在于盛装物品，房屋的作用在于供人居住，这是器皿和房屋给人提供的便利。如果器皿没有中空的部分，也就不能起到盛装东西的作用。房屋同样如此，如果没有四壁门窗的中空区域为人提供采光、空气流通和出入，那么建筑就无法为人提供居住的功能。

人类的所有活动都是在空间内进行的，就范围来讲，小至办公、住宅等内部空间，再到公园、广场等外部空间，大到整个城市、地区，都属于人的活动范畴。从形式角度，空间的营造要满足整个社会的各种人群所提出的功能、精神要求。设计的任务就在于如何组织这样一个无比巨大且复杂的内外空间，而使之能够适合于不同人群的使用需求。

2.1　庭院的内部划分

一个典型的独栋别墅住宅用地，主要包含了前院、侧院、后院三部分。别墅建筑通常情况下设置在整个院落的中间位置，这就产生了尺寸与形态上相似的前院与后院，而侧院一般情况面积较为狭窄。庭院的空间格局规划、功能划分与别墅建筑内部的划分是相辅相成的，它的方案生成直接受到室内功能的影响，因此，在进行庭院景观设计之前，一定要深入的了解和熟知建筑内部的空间布局。

2.1.1　前院

前院位于建筑入户门的前侧，它是到达以及进入住宅内部空间的重要通道和公共区域。前院主要具有两项基本的功能：一是，形象展示功能。前院所承载的是人们对整个建筑的第一印象，不论是从路边经过的行人，还是到访庭院的客人，首先映入眼帘的就是住宅的前院，因此，该区域内的植物配置设计、铺地的材质与样式、景观小品的设置等，都需要重点处理和精心设计，从而提升整个住宅的品质。二是，交通功能。它是连接公共街道与别墅建筑的重要通道。住宅的主人以及来访者通过此处进入建筑的内部，因此在地面铺装上需要进行着重处理，既要考虑到美观性，同时还要耐磨、防滑、坚固，具有较强的承载力。

2.1.2　侧院

侧院位于建筑的两侧，主要功能是连接前院与后院，因此，该处的设计属于衔接过渡区域，可以根据场地面积的大小，适度的设置道路。如果侧院面积较为狭长，则以景观小径为主；如果侧院面积较大，则可设置更丰富的功能，弱化道路的形态，将其融入其他功能之中。

如图 2-1 所示别墅西侧院落的面积较大，建筑内部为餐厅和厨房，在厨房的区域设置了次入口，因此，西侧庭院在设计中要同步考虑室内功能，故在此设置了面积较大的木平台，平台上设置了座椅，相邻区域放置了室外沙发和茶几，便于主人在此休息就餐。此外，由于该位置朝西，西晒严重，所以在沿围墙一侧密植了地被和灌木，同时种植了冠幅较大的乔木，从而营造林下庇荫的空间。

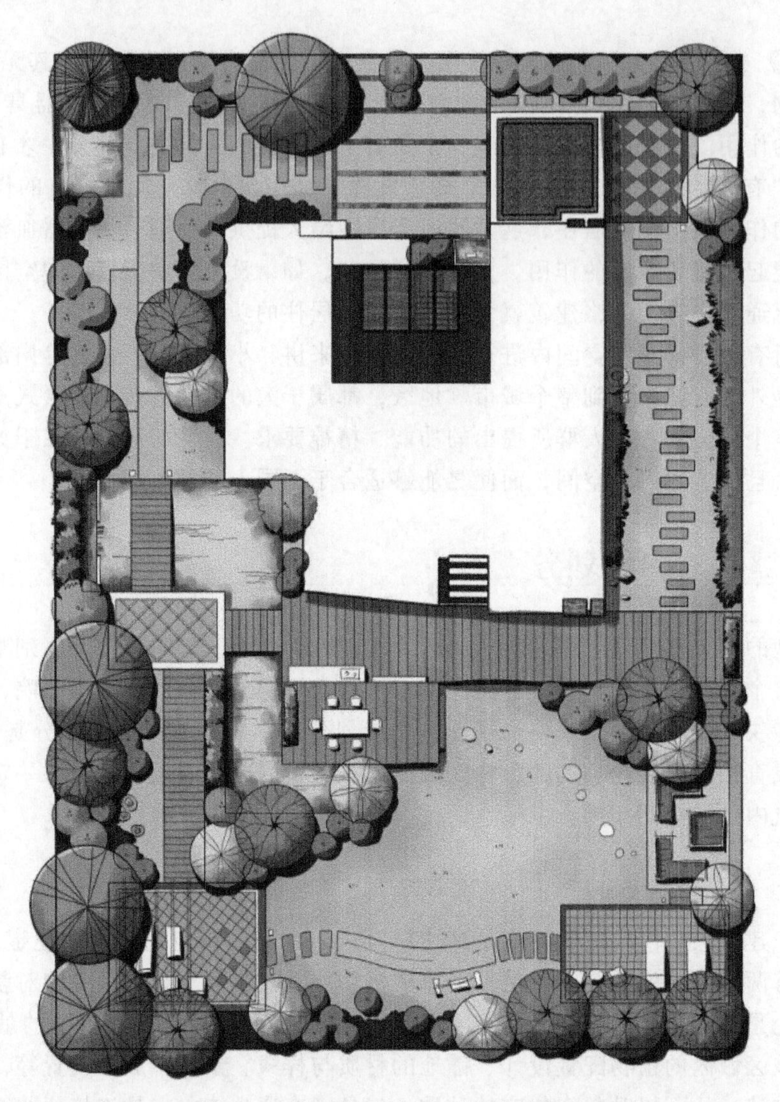

图 2-1　别墅庭院西侧丰富的功能布局

2.1.3　后院

后院位于建筑的后侧，是业主在室外主要活动的区域。它通常位于朝南的位置，日照充足、通风良好，适合植物的生长和业主的日常活动。后院是一个家庭最为私密和使用频率最高的区域，因此需要根据主人的喜好与需求，设置多种不同的功能。例如，有的业主要求设置游泳池、有的要求设置菜园和康体健身的空间、有的要求为孩子提供游玩跑跳的场地、有的要求设置户外烧烤和就餐的场所等等，这些多元的功能必须要建立在与业主的沟通基础之上，然后根据这些要求再进行功能的划分。

业主要求在后院设置菜园、供菜园储藏和工作场地、就餐区、休息聚会区、大片的活动草坪（图 2-2）。在进行空间划分之前，设计者需要分析室内外空间的关系，然后根据室内的功能相应地设置庭院的功能。

图 2-2　独栋别墅庭院的功能划分

首先，以客厅的窗户为观看点，在正前方设置一处大片的活动草坪，然后在客厅窗户的视线范围内，在草坪上设置一处醒目的景观节点。然后，在紧邻餐厅的室外，设置缓冲的平台和就餐区，便于煮饭的人穿梭于室内与室外。再次，在临近车库和西侧靠边界的区域，设置了菜园以及供储藏和工作场地，菜地需要施肥打药，所以放置在远离后院中心区的位置，同时，由于该区域的景观效果较差，所以设置在远离客厅和餐厅窗户的位置。最后，西北角有保留下来的大型乔木，林下遮阴效果良好，面积较大且规整，因此把休息聚会区设置于此。

以上是在结合室内外的功能和视线分析的基础上进行的功能布局与划分，在完成了基本的空间框架之后，还要同时考虑不同场地之间的交通连接以及起承转合关系。例如，可以使用不同材质和不同形态的铺地，来突显空间与空间之间的转换，也可以通过场地竖向高差的变化来完成不同空间的区分，还可以通过植物和景墙来分隔空间。

■ 2.2　庭院空间的界定

室内空间由建筑的地板、墙体和天花板三个不同维度的面所构成。室外空间也可以理解为是由地板、墙壁和天花板三个界面对空间进行的围合与限定，室外的这三个界面是由硬质铺装、草地、树木、景墙、栏杆、亭子、廊架、花架等景观设计元素来进行空间的围合，这三个组成室外空间的基本围合面，分别称为基面、垂直面、顶面。

2.2.1 基面

室外空间的基面，为人类所有的行为活动提供最基本的场地，所有的设计要素都要从这个基面上生成和开始，它是方案设计过程中功能组织的基础和前提。

基面主要的构成要素分为硬质铺装和软质铺装。人群活动发生频繁的区域应采用硬质铺装，如石材、板岩、木地板、砖、混凝土、鹅卵石、砾石等铺装材料，而在硬质铺装之外的观赏区域则采用软质铺装，如草坪、地被、灌木等植物材料（图 2-3）。

2.2.2 垂直面

室外空间的垂直面，为场地限定了边界，主要设计元素包括景墙、围栏、凹凸的地形、台阶、挡土墙、植物（灌木、乔木）等，这些元素的有效组织，起到空间围合的作用。

图 2-3 硬质铺装和软质铺装的组合形成室外空间的基面

景墙、围栏作为构成空间中的主要实体要素，具有坚硬、稳定、轮廓分明的特点，它们在空间分隔上发挥至关重要的作用。例如，两个功能不同但却相邻的空间，就可以用景墙或者围栏将两个区域隔离开来，从而使这两处不同用途的场地互不干扰，这是它们在空间分隔上发挥的最普遍的作用。两者在垂直面上对空间的封闭程度，取决于其高度、材料、墙面上洞口的面积、围栏间距的大小。不同高度的景墙和围栏，围合程度不同，产生的私密程度也不同。尺度越高，封闭感越强。但是如果较高尺寸的墙体内部设置了窗户或者不同形式的洞口，则封闭程度也会随着洞口面积的大小而产生变化（图 2-4）。

图 2-4 外部墙体的高度和开窗的面积影响空间的私密程度

在项目基地内营造场地地形高差的变化，可以限定空间的边界，即在竖向范围内进行部分围合，从而构建不同类型的空间形态。地形高差营造的手法包括：凹凸地形、台阶、挡土墙。如拟对场地内两个相邻区域进行空间的分隔与限定，可以通过高差营造的手法来完成（图 2-5）。

图 2-5　地形的变化可以分隔相邻的空间

a）一个空间　b）用台阶来分隔空间　c）用斜坡来分隔空间　d）用挡土墙来分隔空间

在对庭院内的某一特定区域进行空间的围合与限定时，可以通过使用凹凸地形、台阶、挡土墙等设计要素来创造不同功能的空间（图 2-6）。若庭院整体的形式构成风格为曲线设计主题，建议在对垂直面进行围合时，采用舒缓、柔和、模仿自然形态的坡地或山丘来强化空间特性（图 2-7）；若庭院整体的形式构成风格为规则形态地形，则适合采用台阶和挡土墙来强化空间特性（图 2-8）。

图 2-6　地形的变化可以在垂直面上创造空间的围合

图 2-7　自然形态地形的营造

图 2-8　规则形态地形的营造

需要指出：在所要营造的特定空间范围内，周围的地面越高，空间的围合程度越高，私密性越强（图 2-9）。

植物在室外环境的总体布局和空间的营造方面发挥了重要的作用，其可以像墙、柱和屋顶一样，建立室外空间的围合。但是由于植物的形态特征和生长属性等特点，其主要是以暗示的方式对空间进行界定。例如，在庭院的某一场地内，对空间的边界进行限定，同时又要营造开敞、通透的视觉体验，可采用不同种类的地被植物或较为低矮的匍匐灌木来暗示空间的边界（图 2-10）。如果想要在垂直面上增加围合感，则可采用不同高度的灌木、小乔木、地被相结合的方式，从而限制视线的穿透（图 2-11）。再如，营造非常封闭的空间，则需要

图 2-9　周边地形对空间围合程度的影响

a）围合感较弱　b）围合感适中　c）围合感较强

图 2-10　低矮的灌木和地被植物形成开敞空间

在垂直面和顶面两个维度来进行植物的配置，可以采用高大的乔木、不同高度的灌木以及不同种类的地被植物，丰富空间的竖向层次，从而营造很强的私密性和隔离感（图 2-12）。藤本植物也可以强化空间的围合度，但是它需要与花架、廊架、栏杆等景观构筑物结合使用，共同完成对封闭空间的建构。总之，植物通过各种变化和组合方式，形成各种不同性质的空间形式，或封闭，或开敞。当然，同其他实体要素不同的是，植物对空间的封闭程度会受到植物的种类、生长周期、季节、株距、种植密度等要素的影响而产生不同的变化，从而呈现不同的空间围合效果。

图 2-11　垂直面的围合形成半开敞空间

图 2-12　高大的乔木与不同高度的灌木形成封闭的空间

垂直面的主要功能表现在，它不仅能够对空间边界进行界定（图 2-13）、分隔不同的功能空间（图 2-14），还能够决定空间的开敞与封闭程度（图 2-15、图 2-16），同时可以引导人的视线和走向（图 2-17）。

图 2-13　用墙体对垂直面进行空间的围合

图 2-14　用植物来构成和分隔不同的功能空间

图 2-15　用围墙营造半开敞空间

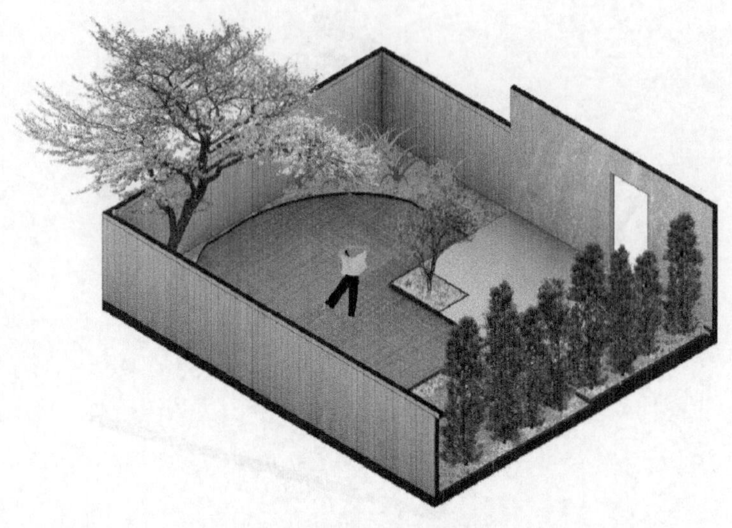

图 2-16　用围墙和植物营造封闭空间

图 2-17　用台阶和挡土墙来引导人的视线和走向

2.2.3　顶面

室外空间的顶面，在顶部区域对空间进行一定的限定，主要设计元素包括棚架结构、树冠的底部等。

棚架结构为室外活动提供遮蔽，是人们主要聚集区域内使用频率较高的景观构筑物，如亭子、廊、花架等。亭子在古代是供人休息之处，在现代园林中则兼具休息、交流、活动、点景等复合功能；廊是指屋檐下的过道，或是独立有顶的过道；花架是具有刚性材料构架的园林构筑物，它常与植物共同搭配使用，其形式与设计手法较为丰富灵活。

上述元素是划分室外空间格局的重要手段，它们对外部空间的作用就像建筑内部屋顶的功能相似（图 2-18）。亭子常置于整个场地的重要景观节点位置，廊通常作为建筑的延伸使用，花架常设置在庭院园路上方或两侧、道路尽端。它们不仅起到遮阳、避雨、休息、交通联系的功能，同时可以在垂直面和顶面形成含蓄的“灰空间”，起到分隔空间、组织景观、增加空间层次的作用。当然，棚架结构不同的高度和开敞的程度，会直接影响立面和顶面的通透度，从而使空间的围合效果产生变化。

图 2-18　棚架结构对室外空间建构的作用

顶面的主要功能体现在它可以限定空间内的通透效果（图 2-19）。例如，如果需要营造比较私密、封闭、阴凉的空间，可以在顶部选用厚实的凉亭屋顶，或者冠幅较大、树叶稠密的乔木，或者在廊、花架的顶部空间密植藤本植物，阻挡和限定光线进入空间的程度，从而营造封闭的空间效果；如果需要营造比较开敞、通透、采光良好的空间，顶面则可以完全开敞，直接可以看到天空和云朵；如果需要营造介于两者的半开敞、半通透的空间，则可以选择长得比较稀疏的树木，或者在棚架结构的顶面使用透明或半透明的材料。

图 2-19　在顶面营造不同的通透效果

另一方面体现在它可以限定空间的规模。以人的基本尺度为参照物，正常尺度的顶面

（4m 以下）会给人一种尺度宜人的亲密感觉，空间的封闭程度明显一些。尺度较高（4m 以上）的顶面，在视觉效果上则可以获得更大规模的空间，开敞性和通透性更强（图 2-20）。

图 2-20　不同高度的顶面形成不同围合效果

总之，在室外场地营造不同功能的空间，类似于建造建筑内部的房间（图 2-21），都是由三个基本的围合面所限定，只是构成室外空间的设计要素，在边界的限定上，不像室内的墙体和天花板那样能够界定出清晰明确的边界。这是因为室外的景观构成要素多数情况下并非实体的围合物，所以空间与空间之间可能没有明显且严格的划分，难以发现哪里是一个空间的开始，哪里是另一个空间的结束（图 2-22）。室外空间的限定往往采用暗示的手法，而不是明确的实体要素，这是区别于室内空间的。当然，也正是空间与空间之间起承转合关系的处理，以及空间之间的穿插与过度，才能为使用者营造出步移景异的视觉体验。

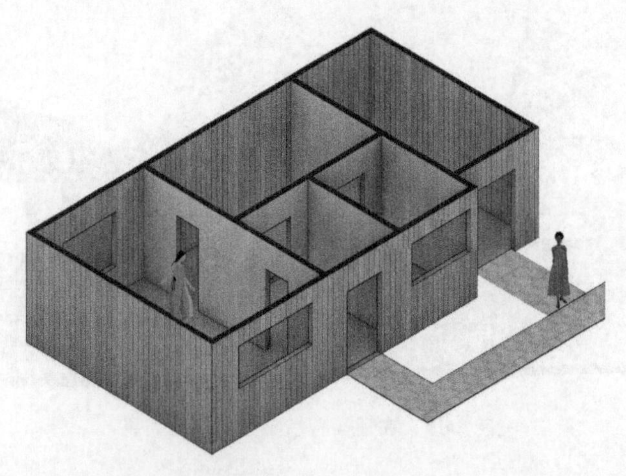

图 2-21　室内空间由屋顶、墙体和天花板构成

图 2-22　室外空间由基面、垂直面、顶面景观构成

■ 2.3　庭院空间的功能属性

2.3.1　前院入口区域

前院入口区域是从院落入口到达建筑入户门这一区域，该区域具有形象展示和交通功能，其设计应该体现业主的生活品味和兴趣爱好，应该能够为来访者提供舒适、方便、赏心悦目的空间体验（图 2-23）。

图 2-23　前院入口区域

前院入口区域
（彩图）

入口外门厅是室内空间对外的延续，该区域一般会设有混凝土砌筑的平台作为集散与过渡区域，它应该为人们提供安全、宽敞、开放且又能够多人短暂停留的空间。例如，主人迎来送往客人时，可以在此区域短暂的停留，而不会显得十分局促。如果该位置尺寸十分狭小，两人及以上同时停留在此则会十分拥挤。

2.3.2 车库、车位入口区域

车库、车位入口区域的主要功能就是为业主开车进入车库或者车位停好车以后，提供舒适便利的方式穿越。如果是车库，业主停好车以后，可以从车库内部直接入户。如果是车位，则需要在室外穿行至建筑内部。在设计时应该注意在车行道两侧尽量少种植高大的乔木和灌木，一方面是遮挡行车视线，另一方面是会影响车门的开启以及人下车后行走。如果场地面积充足，可以在车行道两侧预留出标高一致的步行道，易于停留通过不同于车行道的铺装材质和形式进行区分与强化。此外，车行道与建筑入户门之间的道路应该十分醒目且宽敞，在平面图上可以设计成漏斗的形状，即临近车行道一侧尺寸较宽，临近入户门的区域可以稍微窄一些，类似漏斗的形态设置更易于识别，同时强化了入户的道路（图 2-24）。

车行道两侧以及与建筑入户门之间的道路设计（彩图）

图 2-24　车行道两侧以及与建筑入户门之间的道路设计

2.3.3 后院起居、娱乐区域

室外的起居、娱乐区域一般位于建筑的后院，该区域是人们在室外使用频率最高、使用时间最长的空间。其功能与室内的客厅功能相似，应该能够容纳多人在此进行就餐、休憩、交流等社交活动。

设计该区域时应该考虑的是位置、面积、形态和比例，从而满足和适应基本的聚集功能。首先，起居、娱乐区域的位置，应该选择后院中面积比较规整、景观视野开阔、静态观景效果良好的区域；其次，在平面上的形态与比例上，要适合座椅的摆放以及人停留并交谈（图 2-25）；再次，由于起居、娱乐区域本身就属于功能较为复合的空间，因此在设计中可以通过高差的变化、景墙或者植物的设置，将面积较大的空间细化为多个特定的次一级空间，如读书、喝茶、瑜伽、休息等空间；最后，要将该场所建立一种类似于室内空间的围合。围合感的建立，除了在地面层面要考虑铺地的颜色、材质、图案等细节设计以外，还要在垂直面和顶面来强化空间的私密性与围合感。垂直面可以通过围墙、景墙、栏杆、地形的高差变化、乔木与灌木的配置等方式界定空间的边界。顶面则选择亭子、廊架、花架、遮阳布、大型乔木的树冠来进行限定，它们可以形成类似于建筑内部的天花板一样的功能。

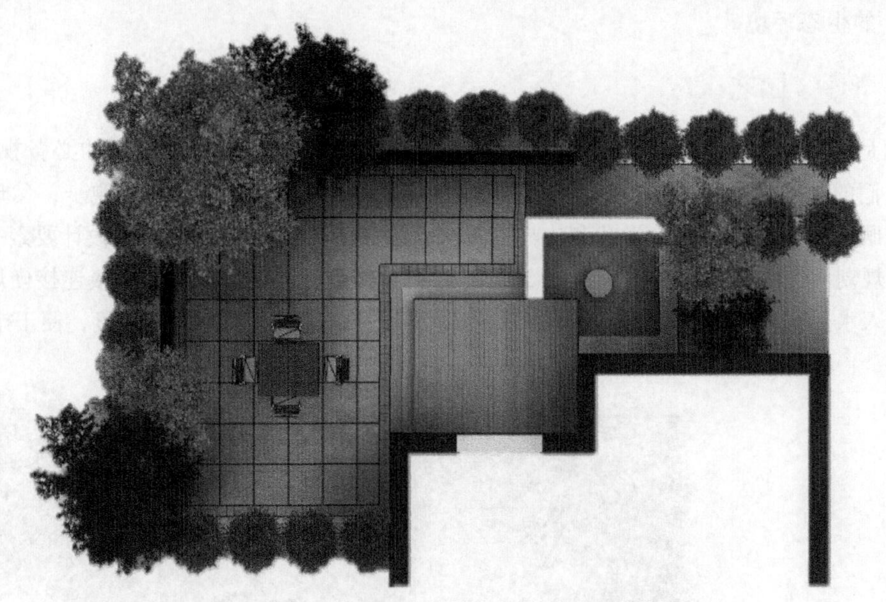

图 2-25 在空间的尽端或者靠边的位置适合座椅的摆放

总之，后院起居、娱乐区域在整个住宅基地范围内，是使用最为频繁的地方。作为设计师，一定要考虑到在不同的季节、不同的时段，都能够为其提供舒适宜人的、可供主人与客人共同休闲娱乐的室外空间。

2.3.4 室外厨房、餐厅区域

对于别墅庭院来说，在室外设置简单的制作食物的区域是较为普遍的，在周末主人邀请亲朋好友来家里做客，在空气舒适的白天或者凉爽的夜晚，大家一起边聊天一边制作美食，构成生活的一部分。

首先，在室外厨房、餐厅区域在位置的选择上，要临近室内的厨房和餐厅，这样便于食物和餐具等快速便捷的搬运与传送；其次，要考虑风向的问题，以北京为例，夏季盛行东南风，因此户外的餐厅应该设置在上风向的位置，避免宾客被烟熏到；最后，还要考虑火源的安全性，要避免烧烤架等火源靠近木质的廊架、座椅等。

2.3.5 水景区域

水景在庭院中是最常见的一种设计元素，它具有多元丰富的表现形式，依据水景在观赏、生态、娱乐、意境等功能方面所体现的侧重点不同，可分为装饰型水景、生态型水景。

装饰型水景具有美化空间、活跃气氛、点缀、衬托、渲染等装饰效果。这种水景往往构成了庭院景观的视觉焦点。适用于私家庭院的装饰型水景包括喷泉、壁泉、水幕、跌水、水阶梯、静水面、观鱼池等。

生态型水景以景观生态学理论为指导，模仿大自然水景自然随意的形态，构建稳定、协调、怡人的水生态平衡系统。生态型水景不仅为水下的动植物提供良好的生长环境，而且能调节小气候以及美化环境。在私家庭院里常用的生态型水景，多以模拟自然形态的小型人工水池为主，水中饲养观赏性鱼虫和喜水性的植物（如鱼草、莲花等），营造动物和植物“互生互养”的生态环境。

2.3.6 草坪、园艺区域

不论是在前院、后院，都会设置一块草坪区域，其不仅是构成庭院景观的必备视觉元素，而且为人们的休闲娱乐提供重要的活动场地：孩子可以在此嬉戏打闹、踢球跑步；父母可以在此散步、晒太阳。草坪区域的形状和边界位置应该提前界定出来，就像其他设计要素一样要经过慎重的规划（图 2-26）。边界限定的方式可以运用微地形加矮墙、围栏、直接连接硬质铺装道路、缓坡入水、地被或灌木等植物收边的形式。此外，草坪最好具有一定的坡度，便于排水。

清晰明确界定出草坪区域边界和形态（彩图）

图 2-26　清晰明确界定出草坪区域边界和形态

园艺区域在很多私人别墅庭院中是较为常见和实用的空间。该区域以种植蔬菜、果树为主。在位置的选择上，首先，应该考虑在一天之中要有充足的日照，从而保证植物的光合作用；其次，要选择排水通畅的平地；再次，园艺区域在地段的选择上，应该临近水源，便于取水灌溉；最后，园艺区域的位置应该选择庭院的非视觉中心的区域，最好是靠边角的位置。因为蔬果的生长期中有很长一段时间内会光秃秃的，土壤裸露不美观，可以使用围栏或者密植灌木将其进行一定的遮挡。此外，还可以将园艺区域与草坪或者其他植物种植区域，当成一个区域来设计。例如，在乔木的下方种植喜阴的蔬菜，或者将高度相近的蔬菜与地被、灌木植物进行组团种植，或者将蔬菜作为草坪的边界进行界定。

■ 习题

1. 别墅前院具有（　　）两个基本的功能。（多选题）

A. 形象展示　　B. 聚会　　C. 交通连接　　D. 娱乐

2. 别墅西侧的西晒比较严重，为了营造林下庇荫的空间，降低室内热量的输入，可以在西侧种植（　　）。（多选题）

A. 冠幅较大的乔木　　B. 密植高大的灌木

C. 草坪　　D. 低矮的花卉

3. 塑造室外的空间应该通过（　　）三个维度，对空间进行围合与限定。（多选题）

A. 基面　　B. 垂直面　　C. 顶面　　D. 地下室

4. 下列哪些元素可以在垂直面上起到空间围合与限定边界的作用（　　）。（多选题）

A. 景墙　　B. 围栏　　C. 凹凸的地形　　D. 台阶

5. 垂直面的主要功能有（　　）。（多选题）

A. 对空间边界进行界定　　B. 分隔不同的功能空间

C. 决定空间的隐蔽与开放程度　　D. 引导人的视线和走向

6. 车行道与建筑入户门之间的道路，可以设计成（　　）形状，这样的形态设置更易于识别，强化入户的道路。

A. 漏斗形　　B. 矩形　　C. 三角形　　D. 圆形

7. 室外的起居、娱乐区域应该能够满足多人同时就餐、交流等社交活动，在平面上的形态与比例上，要适合座椅的摆放与人的停留，避免受到其他人流的干扰。如图 2-27 所示，（　　）更加适合就餐以及座椅的摆放。

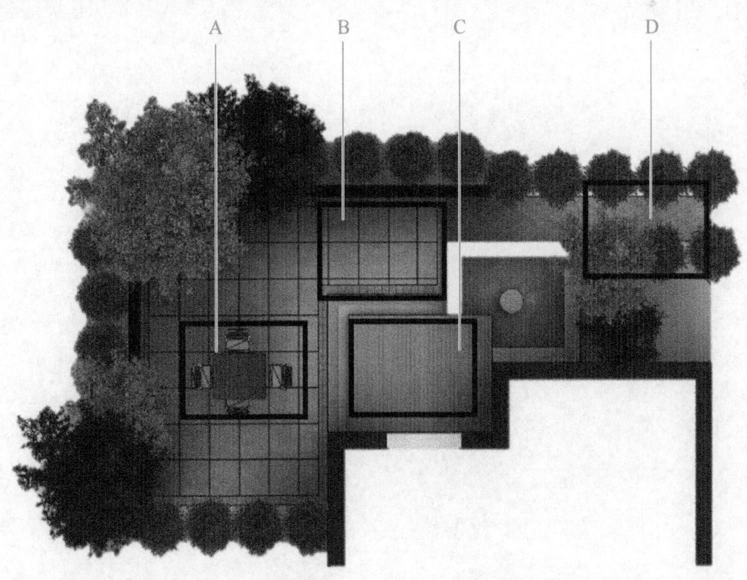

图 2-27　庭院起居、娱乐区域位置的布局

A. A 区域　　B. B 区域　　C. C 区域　　D. D 区域

第 3 章　基地的调查分析与组织原则

本章讲述了在进行庭院设计前期的两个步骤、会见业主与设计任务书制定、方案设计时需要把握的设计组织原则。两个步骤包含了基地调查与基地分析，基地调查是指客观的收集所有基地相关的信息与数据，而基地分析则是对基地调查中所收集的信息进行评估与判断。此外，介绍了会见业主与设计任务书制定的重要性，了解业主的家庭基本情况、需求、喜好、生活习惯、特殊要求，直接决定了设计方案的定位与设计方向，而任务书的制定则是建立在对业主交谈之后所撰写的，其为设计师在整个设计过程中的重要参考依据。另外，在进行方案设计时需要把握的相互关联的设计组织原则，包含了秩序和统一。秩序是整个设计的整体框架；统一则是设计的视觉体验。二者会影响各个景观元素在构成中的大小、位置、形式、色彩、肌理等。有意识的遵循这些设计原则，能够使整个设计形式和空间布局更加协调、舒适、自然；相反，如果在设计初期不考虑这些组织原则，那么整个设计在视觉上会显得不够协调、毫无章法。因此，在空间布局和各个景观元素的形式构成阶段，这些组织原则有助于在视觉上和美学方面提供基本的设计方法。

■ 3.1 基地的调查与分析

3.1.1 基地调查

基地调查是客观地对基地相关信息的收集与整理，包括基地的位置（如红线范围、住宅的风格、周边的交通情况、出入口位置）；场地各个空间的尺度（如面积、形状、比例、空间开阖程度）、形态与材料；现状保留的树木（如大型乔木的种类、尺度、位置）；现有的建筑（如房屋的位置、面积和建筑风格、窗户与门的位置、室内的功能）；现有构筑物（如亭子、廊架、台阶、围墙、平台、水池、泳池等）；庭院内部道路；出入口等。此外，基地调查也包括微气候（如日照区域与时长、主导风向、基地内不同区域的通风情况、冬季和夏季阳光照射和阴凉区域位置）、景观视线（如室内向室外观看的景观视野、基地外向基地内观看的景观视野）、土壤（如土壤性质、表土的厚度与深度）、场地高差变化（如不同地块的坡度、室内与室外相交的门口处的高差变化）、排水情况（如排水方向、蓄水池位置）、市政设施的位置（如水、电缆、天然气、热力管道、排水沟、化粪池等）。简言之，基地调查就是收集相关数据与资料。

3.1.2 基地分析

基地分析是在完成基地调查之后，评估这些信息的重要性与价值，目的在于归纳与确认基地所有现状环境条件的利弊，以至于最终的设计方案能够适应和解决场地的各种现状条件。基地分析不同于基地调查之处在于，基地调查是对场地情况进行直接简单的记录和陈述，而基地分析则是对场地的主观剖析、评价与定性的描述和解释。

设计师应该对基地调查后的基本情况进行分析与评估，并且能够对后期设计和施工中可能遇到的问题给予一些建议和意见。例如，在华北地区的可以在场地西侧增加大型乔木和密植高大的灌木，防止西晒，提供遮阴空间。再如，如果场地西侧是一条公共道路的话，在西侧密植树木同时能够在视线上进行遮挡，保证庭院内部的私密性。

实际上，基地分析就是后期方案设计的理由和依据，建立在场地的现状条件之上生成的设计思路是最具有说服力的，它能够为设计的整体概念以及特殊的设计处理提供强有力的理论支持。因此，基地分析一定要整理简洁、条理清晰，便于与业主的沟通和后期方案的设计。

3.1.3 会见业主

会见业主是整个项目设计的初始环节和重要环节。与业主的交谈过程中，设计师应了解他们的家庭基本情况、需求、喜好、生活习惯、特殊要求等，同时也会从设计和使用的角度提出一些问题，这些信息直接决定了设计方案的定位与设计方向。业主家庭的基本情况，包括家庭成员、职业、年龄、有无使用庭院的宠物、宠物种类与数量等基本资料。此外，设计师应掌握业主对基地所需要的不同功能空间、各个空间的使用方式、用途、频率以及对特定设计要素的需求。另外，设计师要了解客户对于庭院空间以及各景观要素的喜好，例如设计风格（如中式、欧式、东南亚式、法式、地中海式等）、景观构筑物的类型（如亭子、景墙、栏杆、台阶、廊架、花架等）、铺装材料（如石材、混凝土、木地板、塑胶、砖类等）、植物类型（如乔木、灌木、藤本、地被、草坪等）、空间形态（如规整的几何型、自然的曲线型等）、特殊的构景元素（如水幕墙、喷泉、水池、泳池等）。

设计师应该了解客户的生活方式，包括他们的日常行为模式和生活习惯，这与家庭人员的结构是密不可分的。例如，有老人的家庭，要了解老人的生活习惯，比如是否需要养生康体、园艺种植区域；有学龄前儿童的家庭，是否需要为孩子提供玩耍跑跳的活动场地和儿童游乐设施；如果只有夫妻二人，则需要了解他们的日常生活习惯，如是否会招待朋友来聚餐、是否需要读书喝茶的安静角落等等。只有充分地了解了业主每个家庭成员的喜好，才能够精准的为其提供适宜的功能空间。

设计师应该了解业主眼中庭院的优缺点，因为他们长期居住在这里，可以在一年之中不同的季节和不同时段观察和感受庭院的变化，在不同条件的共同作用下，基地会展示出更多的变化和更多的可能性，而这些优缺点，只有长期生活在这里的主人最为熟悉，所以设计师要尊重和利用业主这种独特真实的观察角度和认知特点，更深入全面了解基地的特征。

3.1.4 设计任务书

设计任务书的制定，通常情况下是在基地调查与分析之后进行的，设计师根据前期对场地的调研，列出设计中所有的设计要素和要求，其是一个书面的任务清单和呈现设计总体要求的提纲。

设计任务书的重要性：首先，其应该能够清晰的罗列出场地所需要的设计元素，设计师根据任务书中的内容来组织相关的功能空间和基本的设计要素；其次，其是设计师在整个设计过程中的重要参考依据，设计师会根据任务书中的内容来指导不同设计阶段的任务，以确保任务书清单里的各个要素都得到满足；最后，其是设计师与业主沟通最直接的工具。在设计师制定完成任务书之后，要同业主再次确认，从而保证设计师与业主的意愿达成共识。当然，虽然设计任务书对整个设计过程具有指导意义，但是它并不是一成不变的，而是应该根据项目的进展和场地现实情况，进行适度的调整与修正。

3.2　秩序

秩序是设计的整体框架，暗含的是一种视觉结构，它建立的是方案设计的大效果和大框架。在初步设计阶段，其设计的形式以及各种景观元素、材料的和谐一致，会在视觉上形成较强的秩序感。图 3-1a 中的庭院，无论是在形式构成上，还是在植物的设置上，都缺乏统一性和秩序性；而图 3-1b 在平面布局上则具有良好的一致感和秩序感。

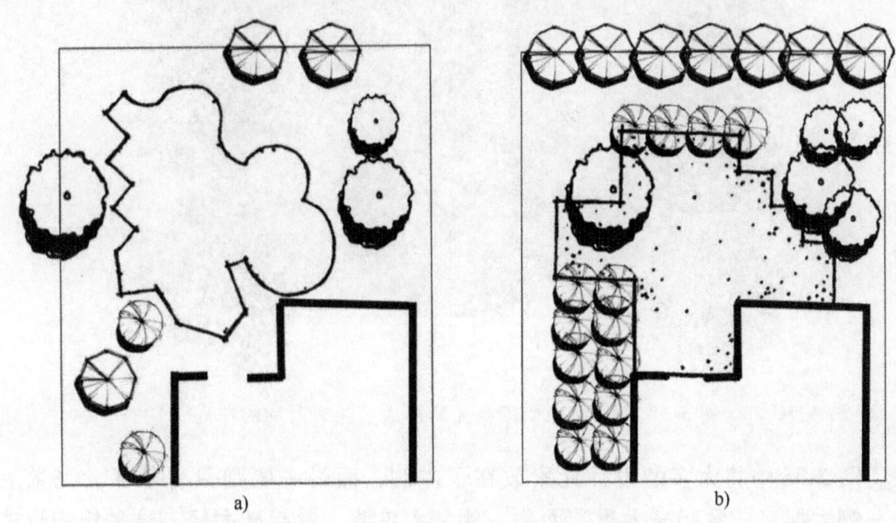

图 3-1　形式构成和植物设置的秩序感

a）形式构成和植物设置凌乱无序　b）形式构成和植物设置具有良好的秩序感

在初步设计阶段的平面布局中，可以通过对称、非对称、组团布置的方式来帮助建立秩序感。

3.2.1　对称

对称与非对称都可以在组织设计元素中，创造一种静态均衡的视觉效果，而均衡则给人一种平衡稳定的秩序感。

对称的形式天然就是均衡的，再加上对称本身又体现出一种严格的制约关系，因此具有完整的统一性与秩序性。如图 3-2 所示将铺装和植物等设计要素，围绕着建筑与庭院出入口形成的中轴线为参照来进行布局，中轴线两侧的所有元素是完全一样的，即两侧内容是以镜像的方式呈现，这种绝对的对称布局会建立一种均衡与稳定的视觉效果。

3.2.2　非对称

虽然非对称形式相互之间的制约关系不像对称形式那样严格明显，但是保持均衡的本身也就是一种制约关系。这种形式与对称形式的均衡相比较，会营造出更为随意自然、轻巧活泼的空间格局。

非对称可以创造一种秩序感较强的视觉效果，但是这种方式没有可循的标准与模板，更多依赖人的感知。例如，在素描和水粉静物的训练中，老师在摆放静物物品时，就是遵从了非对称的原则，虽然两侧放置的物品是截然不同的，但是能够保证同学们所绘制的画面呈现

图 3-2　中轴线两侧所有元素形成了绝对对称的格局

出均衡感。图 3-3a 中将太多的设计元素放在了左侧，而另一侧则只有草坪，视觉上给人的感觉就是一侧太拥挤、看起来太重，而另一侧又太单调、看起来太轻，这种组织形式显然是不均衡的。图 3-3b 中的设计要素与每个空间之间则均匀分布在基地之中，在视觉上重量分布比较均匀，因此建立了较强的秩序感和平衡感。

a)　　b)

图 3-3　非对称形式的布局形式

a）空间缺乏平衡感　b）植物与铺地的有序布局

3.2.3　组团布置方式

组团布置方式是将设计元素按照特定的形式成组的进行布局，即将成组的元素布置在一起，使其成为一个组团。只有按照一定的规律，将设计元素聚集在一起，才能建立起视觉上的秩序感。比如在庭院不同区域的划分中，每个地块之间要成组进行布局，使它们之间建立联系，形成一种自然流动的关系，而不是建立各自独立的、毫无关联的空间形态。

图 3-4 中的所有植物都散落在场地各处，相互之间没有任何关系，这种构图会产生一种混乱、花哨的视觉效果；而图 3-5 中的不同植物之间，都以组团的形式进行布局，构图统一，所有植物之间建立了比较密切的关联性，秩序感较强。

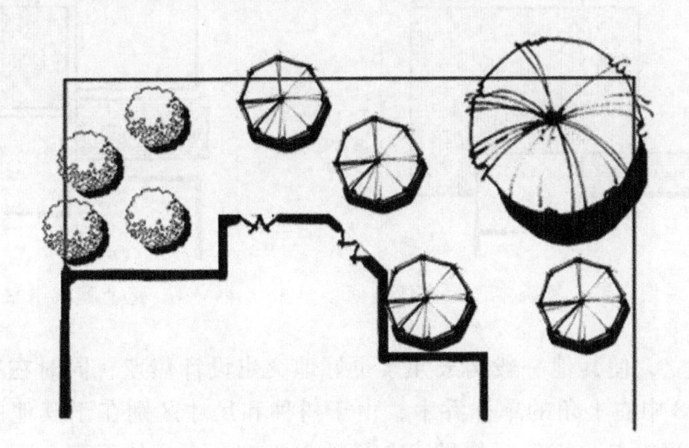

图 3-4　植物之间缺少秩序感

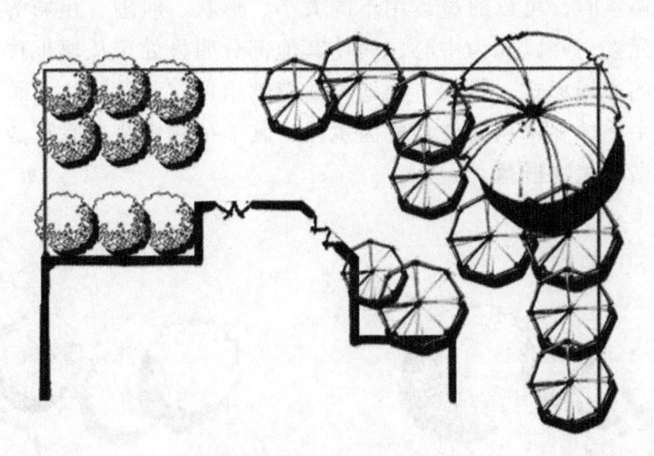

图 3-5　植物以组团的形式布局

3.3　统一

初步设计阶段，除了要建立秩序之外，还要使各个设计元素之间遵循统一的设计原则。设计者应该考虑每一个设计元素的大小、形态、质感、材料、颜色、肌理等因素的组织方式，只有当场地中所有的要素达到统一后，所有的设计元素才会让人们觉得浑然一体。

3.3.1 主体

在设计构成中，各个组成部分不能不加以区别的一致对待，而应该有主有次，有重点和一般的区别，有核心主体与外围组织的差别（图 3-6）。如果所有的设计元素全部平均分布、同等对待的话，即使组织的整整齐齐，也会造成松散和单调（图 3-7）。

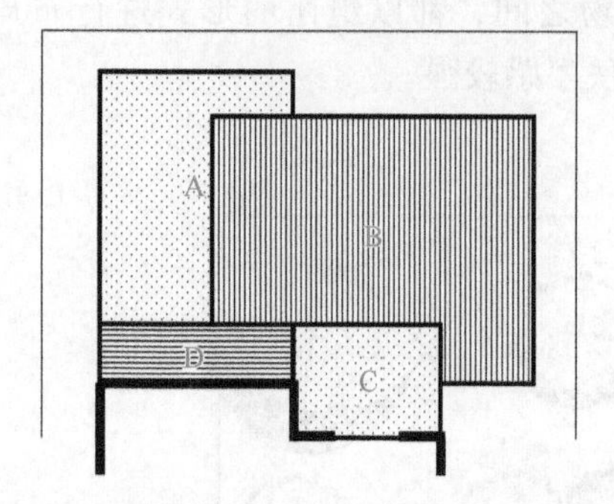

图 3-6 B 地块在整个庭院中作为主体空间

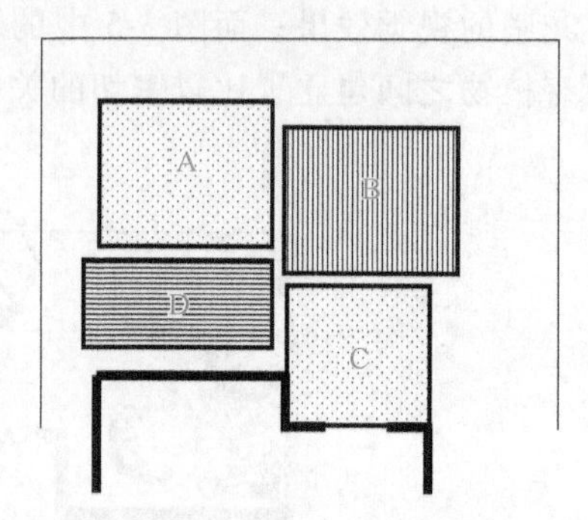

图 3-7 整个庭院中缺乏主体空间

设计主体的建立，使其他一般构成元素更好地突出设计焦点，同时在视觉整体上会形成一种统一性。图 3-8 中右上角的单株乔木，由于树种和尺寸区别在于其他的乔木，因此成为整个植物组团的视觉焦点。相反，如果一个场地中没有一个主体元素，那么视觉上可能会找不到可供聚焦和停留的重点，视线会无休止的游离于各个元素之间（图 3-9）。当在一个构图中引入一个设计焦点时，可以通过运用不同大小、形状、肌理、色彩等手法，有意识突出其中某一个空间或元素，并以此为中心，而使其他部分明显处于从属地位，那么就达到了主次分明、完整统一的布局形式。例如，场地内的植物组团（图 3-10），通过植物种类和大小的区分，突出强调了一株乔木从而使其成为主体，其他植物围绕着它形成一个植物组团，进而营造出了统一和谐的植物群落。

图 3-8 主体元素突出

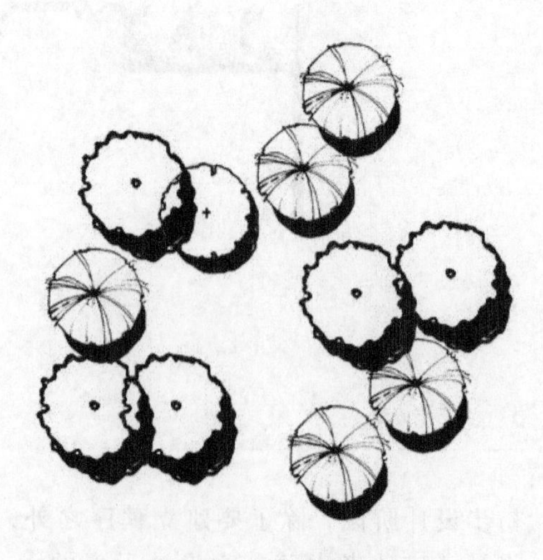
图 3-9 缺乏主体元素

图 3-10　主次分明的植物组团

a）通过大小变化来突出主体　b）通过肌理变化来突出主体

3.3.2　重复

重复就是在一个场地上反复的运用相同或者相似的设计元素，这种手法可以达到统一的视觉效果。例如，庭院无论是在铺装的大小、形式上，还是植物种类的选取上，都十分一致，因此构成产生了强烈的统一感。如果所有的元素铺装、植物的选择，不管是大小、色彩、肌理、种类等都截然不同，那么就会导致构图凌乱松散，缺乏统一性。

首先，不同设计元素的几何形式、铺装的材料、植物的种类、构筑物风格等，都要严格的限制在同一块场地上使用的数量，因为样式太多就会显示十分凌乱，缺少统一性(图 3-11、图 3-12)；其次，在保证同一场地内所选用的设计元素精简之后，就要将这些元素重复的使用，当在同一区域内的不同位置重复的使用某一种或者某一组设计要素时，视觉上就会建立起一种呼应和链接关系，进而产生统一的秩序感，但略显乏味单调（图 3-13、图 3-14)。

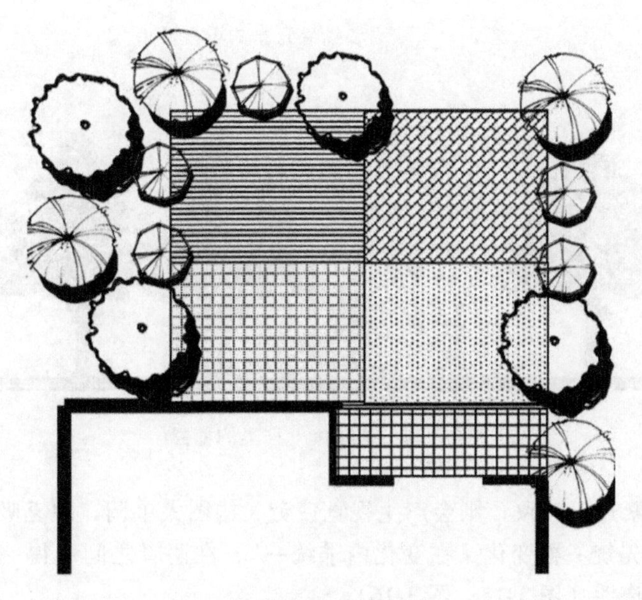

图 3-11　植物和铺装种类过多造成缺乏统一性

图 3-12　植物种类过多造成视觉体验差

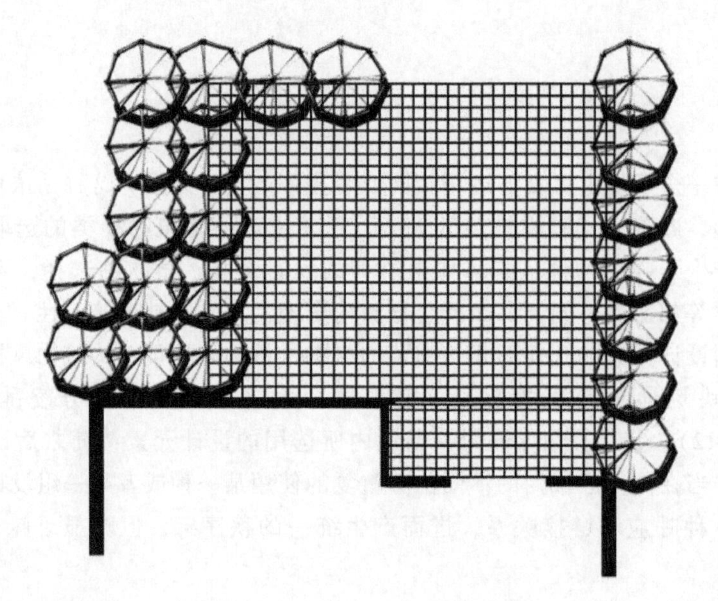

图 3-13　植物和铺装元素的重复使用

图 3-14　选择单一种类的植物

如果所有的元素过于一致，则会产生视觉疲劳，构图太单调，缺乏吸引力。因此，最好的设计原则就是“先统一再变化，在变化中求统一”，在两者之间取得一种平衡，从而保证构图的丰富性和趣味性（图 3-15、图 3-16）。

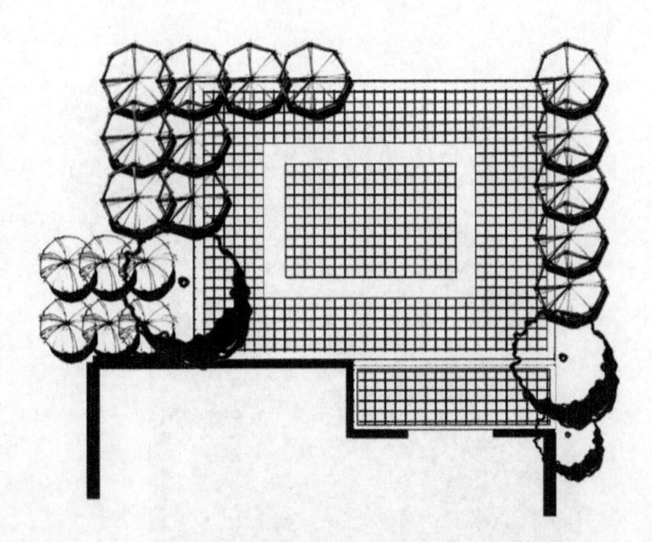

图 3-15　在统一的铺装材质和植物种类上进行适度的变化

图 3-16　同一种类的乔木通过高低的变化以及与低矮灌木的结合

3.3.3　建立联系

建立联系就是将场地中的空间或者设计元素联系到一起，各个要素之间建立一种呼应与相互之间的联系，可以创造统一感。例如，在场地前期的空间划分中，如图 3-17 所示的硬质活动空间、水池、植物之间是彼此分隔的，视觉上都是独立的个体，彼此之间缺乏任何联系，因此整个基地从视觉上来看缺乏统一性。而图 3-18 所示的各个设计元素，则将这些要素通过空间与植物整合的方式，使它们之间作为一个空间整体而建立了较为密切的连接，从而产生了连续性和统一性。

建立联系的设计手法，同样还适用于植物设计的平面和立面规划中。如图 3-19a 中，虽然同类树种成组团种植，但是不同树种之间却各自独立的散落在草坪之上，视觉上会让人觉得种植较为混乱、毫无章法；而图 3-19b 中的乔木与灌木与图 3-19a 完全一样，但是它通过地被植物的围合，而将这些彼此之间孤立的乔木与灌木组织到一起，进而产生了较强的一致性与统一性。同理，立面设计中也是类似的设计原则，不仅可以运用同类或者相似种类的灌木或地被植物来建立联系，也可以结合围墙、栏杆等线性设计元素来组织分散的植物，从而形成统一的视觉效果（图 3-20、图 3-21）。

图 3-17　各个元素之间缺乏联系

图 3-18　元素之间建立联系形成统一与秩序感

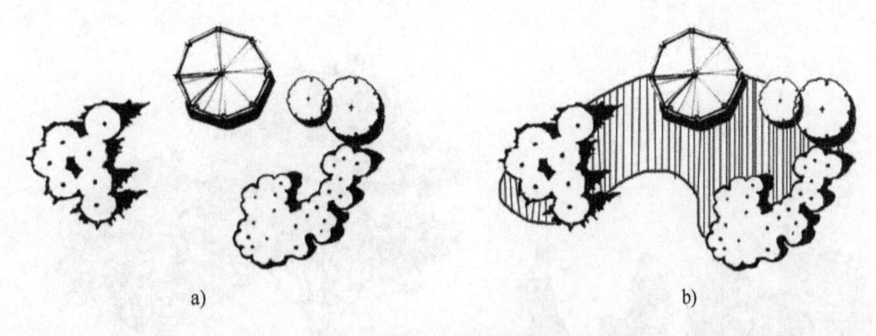

图 3-19　通过植物建立联系的设计手法

a）植物之间缺乏联系　b）通过地被植物的围合而形成一个组团

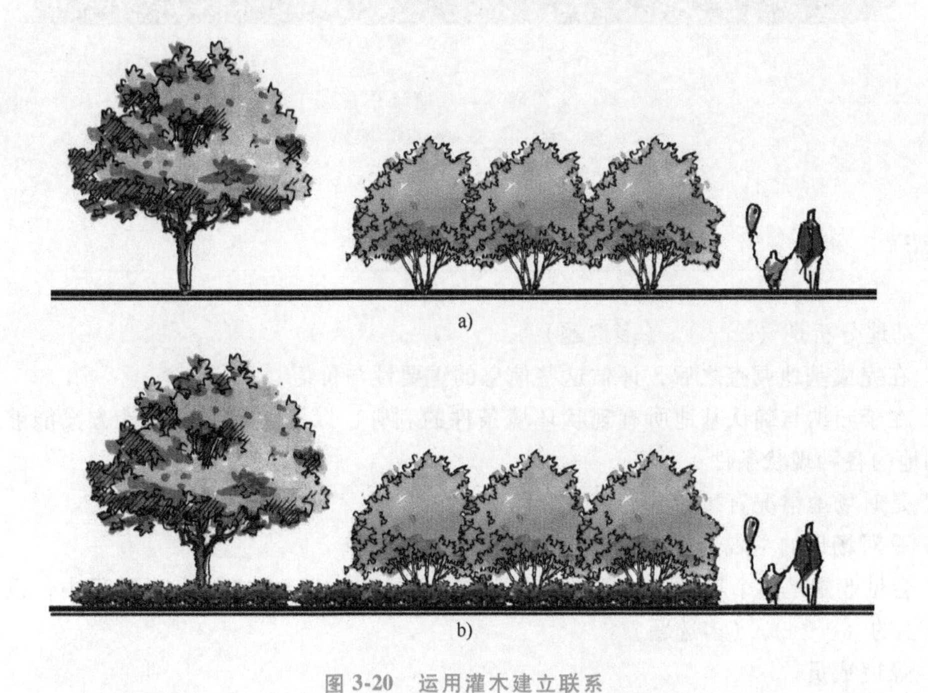

图 3-20　运用灌木建立联系

a）两种植物之间缺乏联系　b）两种植物之间通过灌木建立彼此之间的联系

图 3-21　运用灌木与矮墙建立联系

a）左右两组植物之间缺乏联系

图 3-21　运用灌木与矮墙建立联系（续）

b）通过矮墙与灌木建立两组植物之间的联系

■ 习题

1. 基地分析是（　　）。（多选题）

A. 在完成基地调查之后，评估这些信息的重要性与价值

B. 在于归纳与确认基地所有现状环境条件的利弊，以至于最终的设计方案能够适应和解决场地的各种现状条件

C. 是对场地情况直接简单的记录和陈述

D. 是对场地的主观剖析、评价与定性的描述与解释

2. 会见业主是整个项目设计的初始环节和重要环节。与业主的交谈过程中，设计师要了解业主的（　　）。（多选题）

A. 家庭成员

B. 需求与喜好

C. 生活习惯

D. 特殊要求

3. 设计任务书的重要性在于（　　）。

A. 能够清晰的罗列出场地所需要的设计元素

B. 它是设计师在整个设计过程中的重要参考依据

C. 它是设计师与业主沟通最直接的工具

D. 它是一成不变的，不可以根据项目的进展和场地现实情况进行调整与修正

4. 秩序是设计的整体框架，建立良好的一致感和秩序感的方式有（　　）。（多选题）

A. 对称

B. 不对称

C. 组团布置方式

D. 自由式布局

5. 如图 3-22 所示，在形式构成与植物设置方面，(　　) 具有良好的一致感和秩序感。

A. 左图

B. 右图

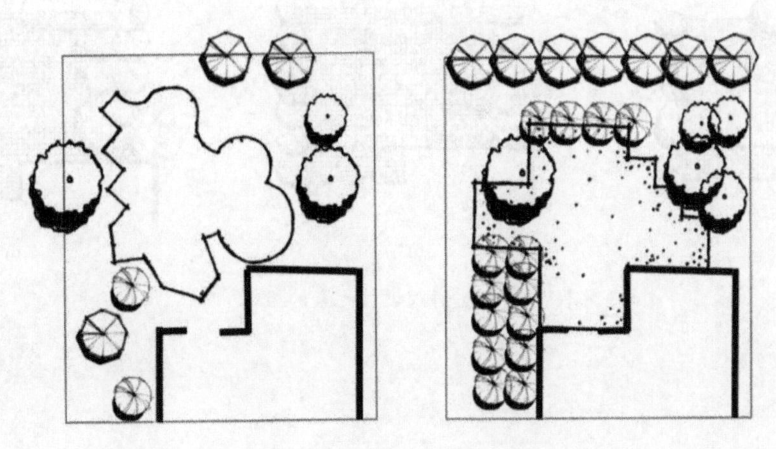

图 3-22　庭院的形式构成与植物设置

6. 在形式构成中，各个组成部分的分布应该有主有次，有重点和一般，如图 3-23 所示，(　　) 缺乏主体空间，缺少统一性。

A. 左图

B. 右图

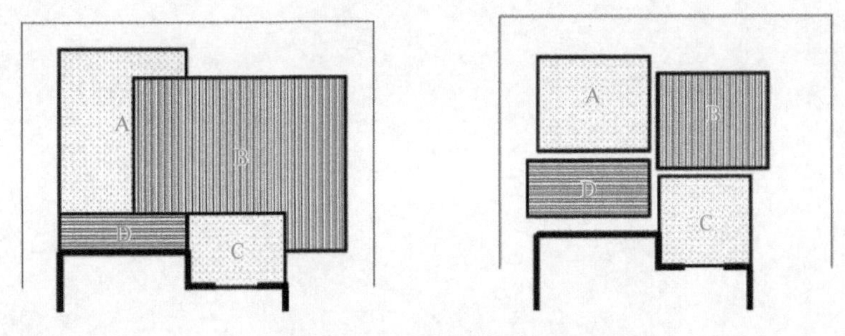

图 3-23　庭院的形式构成

7. 当在一个构图中引入一个设计焦点时，可以通过在 (　　) 方面的区分，有意识的突出其中某一个空间或元素，进而达到主从分明、完整统一的布局形式。(多选题)

A. 大小

B. 形状

C. 肌理

D. 色彩

8. 在同一块场地上，如果设计元素过于一致，则构图太单调；如果样式太多又会显示十分凌乱，缺少统一性。最好的设计原则就是“先统一再变化，在变化中求统一”。如图 3-24 所示，(　　) 在两者之间取得了一种平衡，从而保证了构图的丰富性和趣味性。

A. 图 3-24a

B. 图 3-24b

C. 图 3-24c

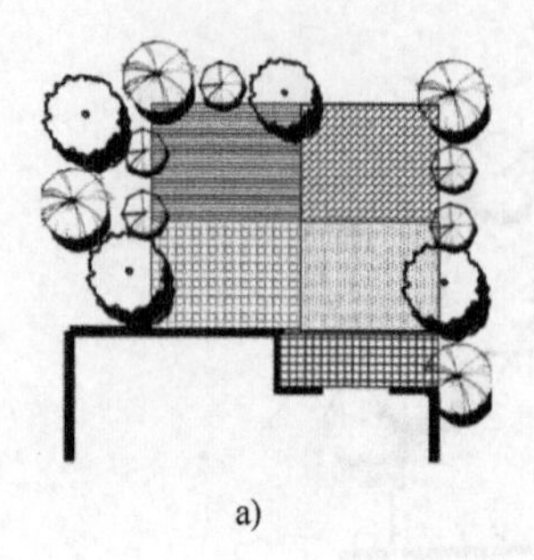

a)

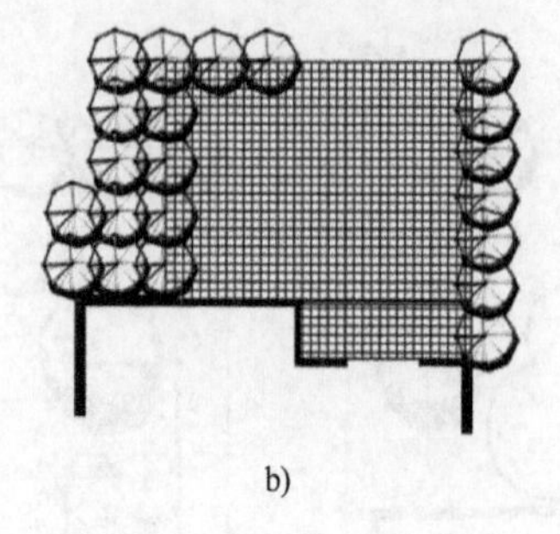

b)

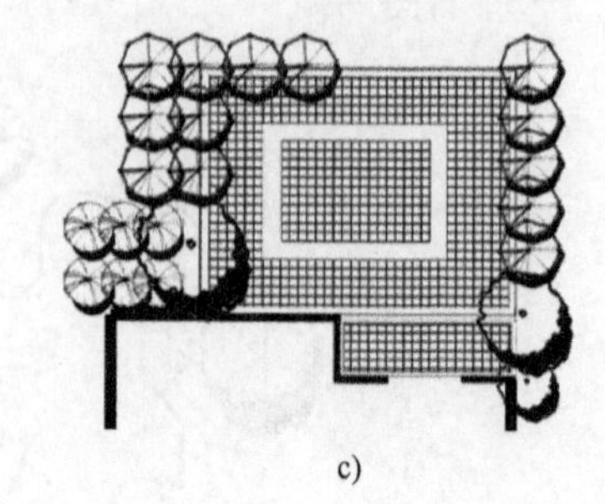

c)

图 3-24 庭院设计元素的组织

第 4 章　庭院景观方案设计的生成过程

本章节讲述了在完成项目场地勘察、基地现状分析、业主需求等前期项目背景调查之后，就要开始方案设计阶段了。这一阶段是基于对这些问题的分析和研究基础之上进行的。庭院景观方案设计阶段主要分为以下几个设计步骤：概念草图、功能图解、形式构成、空间构成。

方案设计从概念草图开始，最终成果是一张图解性的、概念性的基地平面图。这一阶段研究了怎样运用概念草图和功能图解的方式，对整个设计进行功能上和空间上的组织。形式构成确定了设计中所有二维边界线的确切位置，这时需要把概念设计中大概勾画的空间轮廓转化成二维的具体形式，这一阶段开始要形成视觉上的设计主题。最后一个阶段是空间构成，它以形式构成为基础，对室外空间进行三维的设计，设计者要运用地形、植物、墙、栅栏、景观构筑物等要素，丰富和塑造竖向空间，从而完成整个方案设计。

■ 4.1 概念草图

4.1.1 概念草图的重要性

概念草图是设计阶段的第一步，是设计者的初步想法，它的推导过程体现了改善基地现状景观的一些构思和设想，这些思想是基于前期场地调研而得出的结果。概念草图的绘制目的，是为了对整个项目基地总体布局进行研究，并对主要的空间和设计要素、交通流线进行组织与规划，其强调的是对整个场地大框架的把控，探索的是设计的大思想和比较宽泛的方法。

在该阶段，设计者只需要关注大的空间布局，在以下方面进行着重的概念设计：主要功能空间和主要设计要素的大致位置和面积、两者之间的连接关系、与建筑和庭院出入口的关系处理方式、交通流线的组织。此阶段没必要对场地内每个空间的具体形式、材料、色彩、图案、装饰性小品等细节进行任何的考量。

没有经验的设计者，可能在刚拿到项目图纸时，就在平面上绘制非常具体的形式和设计元素了。例如，每个区域的边界线在功能考虑的还不是很充分的情况下，就赋予了高度限定的形式，或者过早在区域内考虑材料和图案等细节（图 4-1）。虽然这样的画面看起来更真实、更好看，但是过早的关注细节，会使设计者忽略一些潜在的功能关系，同时也让后期的修改变得费时。

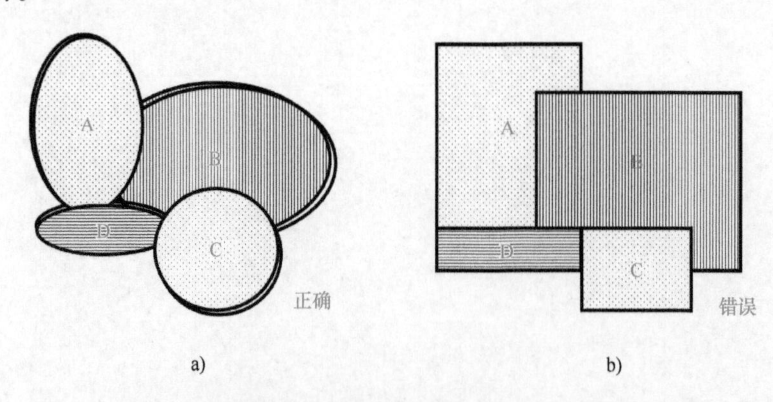

图 4-1 概念图解的表现形式

a）强调对整个场地大框架的把控 b）赋予每个区域高度限定的形式

4.1.2　概念草图的表现形式

概念草图的绘制应该遵循快速、易画、抽象的原则。

在进行概念草图设计之前，需要在有明确比例的图纸上绘制，并且对每一个绘制的圈圈或斑块进行尺寸的估算，也就是说，只有对主要功能空间大致的面积做到心里有数，并按照一定的比例绘制，空间与空间的位置和关系，以及它们与场地内的建筑和庭院出入口的关系处理才有参照意义。

首先，要进行不同空间的绘制。用一个或者两个叠加的圆圈或者不规则的斑块来表示不同的活动空间（图 4-2）。其次，是主次交通流线的绘制，用线条与箭头的组合，表示交通流线和人的活动轨迹。绘制的形态、大小、粗细不同，所表现的道路层级不同，例如，大而粗的箭头，表示车行道或主要道路，小而细的箭头，表示人行道或次要道路（图 4-3）。再次，是线性垂直元素的绘制。用“之”字形或密集的波浪形的线，表示线性垂直元素，例如，围墙、植物、栅栏等（图 4-4）。最后，是视觉中心点的绘制。用星形、米字形等交叉的形状，表示基地内活动的聚集点或视线的焦点，即场地内最主要的点状设计元素（图 4-5）。

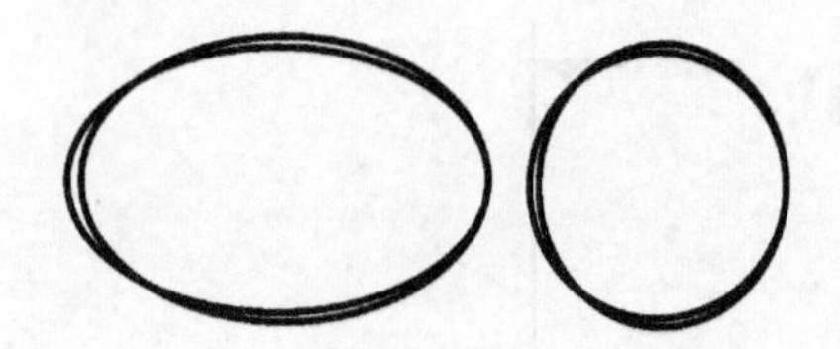

图 4-2　不同空间的表现形式

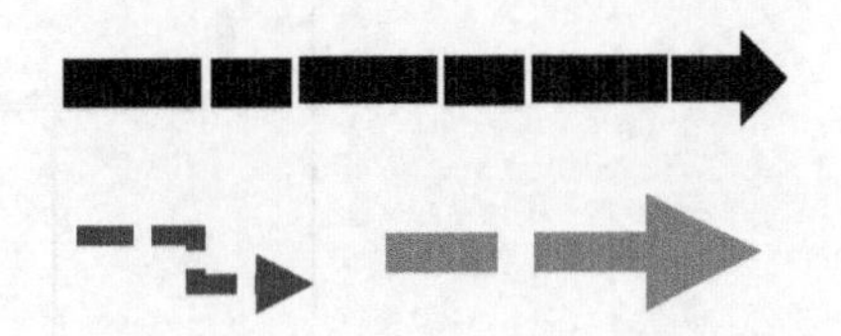

图 4-3　主次交通流线的表现形式

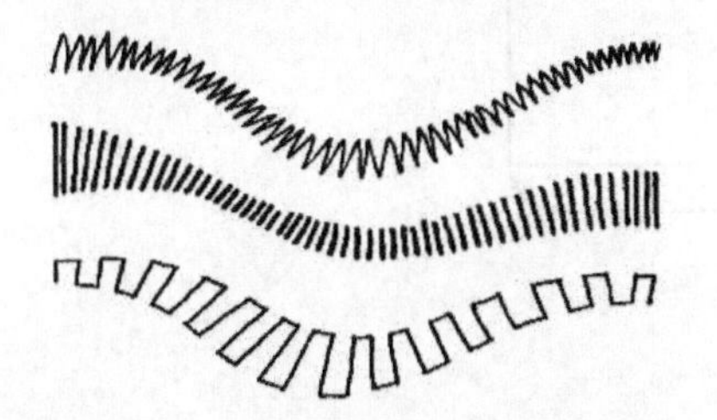

图 4-4　线性垂直元素的表现形式

图 4-5　视觉中心点的表现形式

在概念草图设计阶段，使用快速、流动、易画的符号是十分重要的，因为这种不精细的线条，可以很快地进行重新的组织和布局，短期内可以非常迅速根据设计者的构思来进行修改、完善与更新，并快速生成多种不同的布局方案。此时的目的不在于绘制一幅充满细节的、有深度的、完整漂亮的图纸，因为概念草图是供设计者推敲构思所用，通过它来调整和优化不同空间之间的功能关系、确定不同场地的选址定位、推敲主要的设计元素的位置以及元素之间的链接关系、有效的组织基地内部的交通流线以及它与各个空间的连接方式。

概念草图的表现符号可以应用在任何比例的图中，但是建议使用小比例的图，因为比例越小的图越节省时间，设计者也越能够集中精力去关注整体大的布局形式和组织关系，可以免去对细节的思考与刻画。

4.1.3 案例解析：概念草图的生成过程

某建筑庭院的东南两侧为主次道路，西侧是邻居的庭院，而别墅的前院，则是场地设计范围（图 4-6）。业主要求设置两条道路来连接街道与建筑的出入口，此外，庭院内要有一处视觉的焦点、一处硬质活动场地、一处供孩子活动的草坪。

首先，以窗户为观看点，在其视线范围内，设置一处醒目的景观节点（图 4-7）。然后，用泡泡图的形式，在场地中心的位置，绘制主要的硬质活动场地和活动的草坪（图 4-8）。再次，确定建筑入口与两侧道路之间的交通流线，建筑入口处设置一处室内外的过度缓冲空间（图 4-9a）。最后，在与邻居相邻的一侧，临近道路的一侧，种植高大的植物，进行视线上的遮挡（图 4-9b）。

至此，完成了概念草图的生成（图 4-10）。

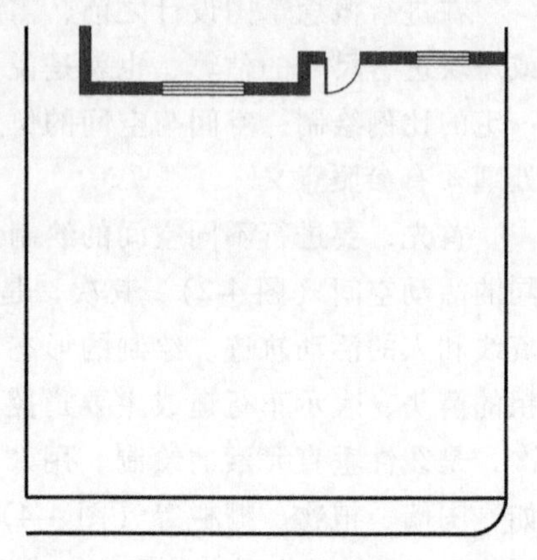

图 4-6 设计范围

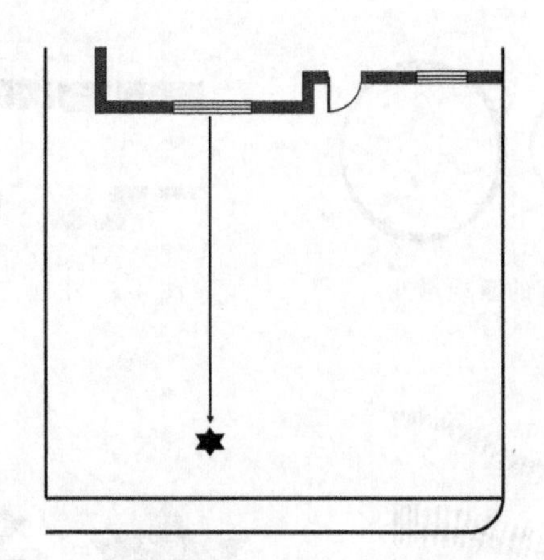

图 4-7 设置景观节点

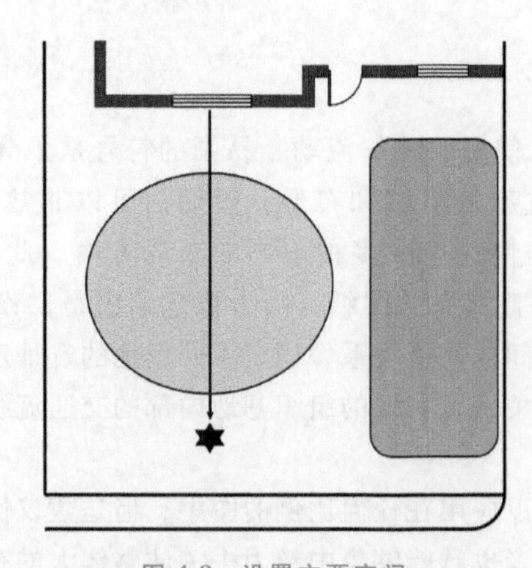

图 4-8 设置主要空间

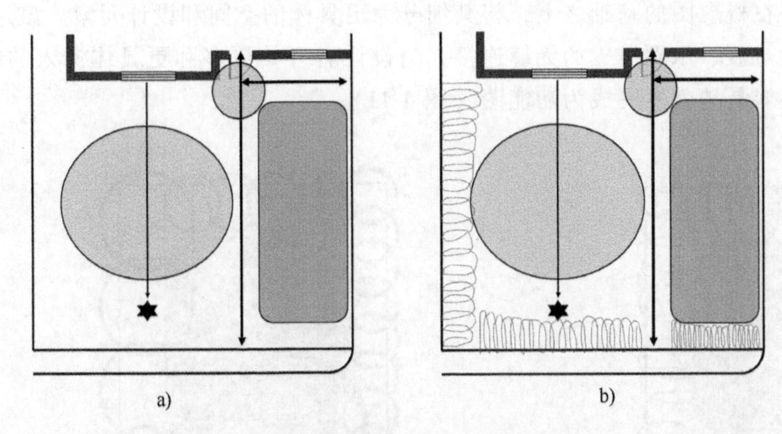

图 4-9　确定交通流线和植物范围

a）确定交通流线　b）确定植物范围

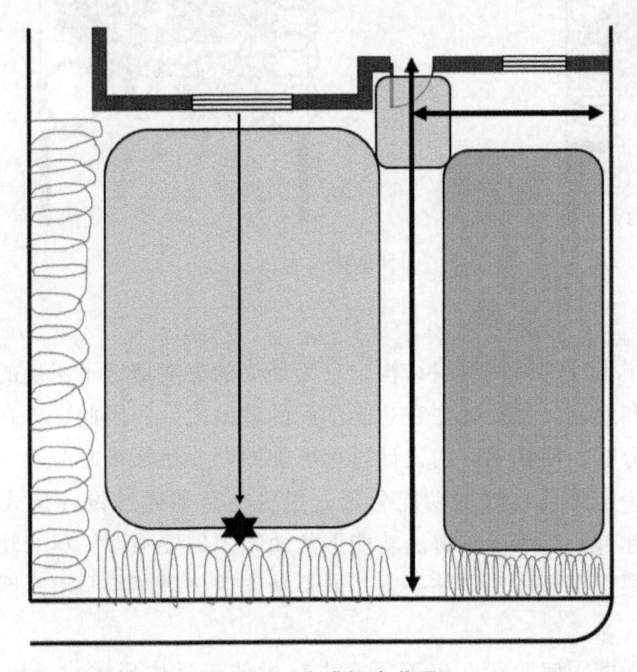

图 4-10　完成概念草图

4.2　功能图解

4.2.1　概念草图与功能图解的关系

设计概念草图是设计的第一阶段工作，是比较泛泛笼统的阶段，主要涉及空间的大概位置和大小、交通流线的组织，它的重要性在于为下一阶段的设计走向确立基本的框架结构。那么下一步设计者就要把概念图转化为功能图。

功能图是在概念图的基础之上，将其细分为更具体的空间和设计元素。该过程应该是两者之间的自然过渡、水到渠成的无缝连接，当设计者开始更多和更具体深入的推敲设计时，概念图就会很容易地就发展成为功能图（图 4-11）。

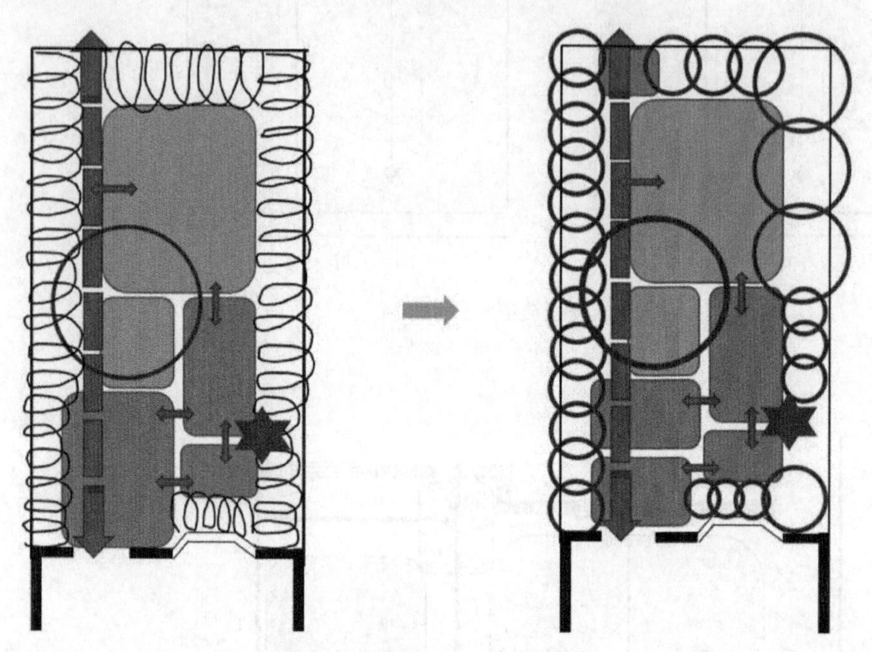

图 4-11 概念草图向功能图解转化

概念草图向功能图解转化（彩图）

功能图解确立了设计的整体组织结构，它为最终的方案奠定了正确的功能基础，项目后期所有的设计构思和绘制，都要建立在功能图解的基础之上。因此，要在设计前期对功能图解进行慎重严谨地分析，使其后续的设计过程更加顺利、更加得心应手。如果在设计的初始阶段，没能建立一个合理且良好的功能分区，想要在后期通过设计形式、材质、色彩、图案、装饰小品等来弥补，是不能够解决功能上的缺陷。需要强调：尽管功能图是概念图的深化阶段，它比概念图要更具体和详细一点，但是功能图仍需要用与概念图同样的绘制手法和表现形式来进行。

值得注意：在功能图解阶段，仍不须要进行类似于具体形式、等比例的铺装材质和图案、装饰小品等细节的刻画，不须在功能、位置、大小等组织关系还没有确定下来的时候，就迫切地将各个空间赋予高度限定的形式，因为过早地关注细节，会错失对整体功能关系的把控，同时，后期方案的修改也会变得更加麻烦。

4.2.2 功能图解的组织要素

在功能图解阶段，应该对以下设计要素进行更进一步的推敲和考量，从而明确和强化这些要素在整个设计组织中的作用。

1. 各个空间的尺寸与位置

在进行功能图解之前，设计师要明确每个空间大致的尺寸，并用徒手绘制泡泡图的形式呈现在图纸上，每一个区域泡泡图的形态与比例要与任务书中的尺寸大致相同，清晰地表现不同场地之间的比例关系以及所占用的面积大小。应按照相应的比例绘制各个空间和设计要素之后，设计师才更能清晰的规划出各个功能在基地中的位置以及它们之间的功能关系。

各个区域位置的选择，除了要考虑不同空间所需的尺寸大小之外，要兼顾考量场地现有的条件以及空间之间的功能关系。

每个空间与设计要素的位置选择，都应该依据场地现有的条件来进行分析与组织规划。例如，可以在场地保留下来的冠幅较大的乔木下面设置室外就餐区域，从而获得较好的林下空间。当然，空间的选择还要与基地的面积大小相吻合，如果当某一个已经规划好的空间面积过大，则需要在原有方案的基础之上进行适度的调整或者重新组织（图 4-12）。

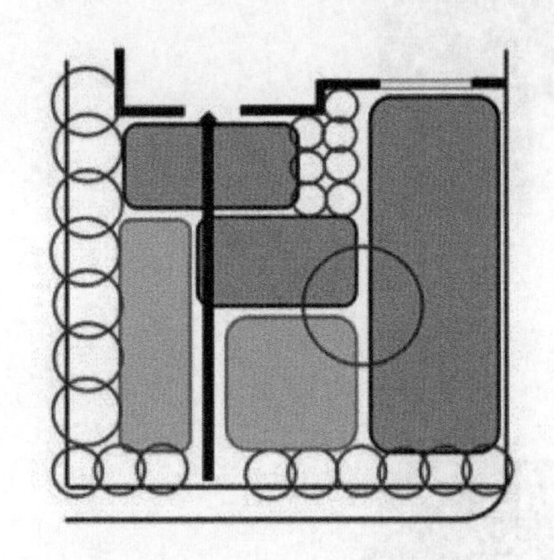

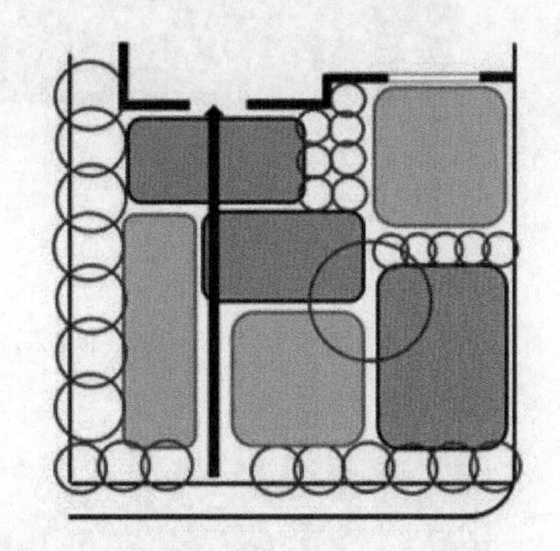

图 4-12　调整就餐区域的面积与形态

调整就餐区域的面积与形态（彩图）

基地中的每个空间和景观元素的位置都应该与相邻的空间形成良好的功能关系，例如，两个相互依赖性较强的功能空间就需要放置在一起，如室外餐厅与厨房、菜园与工具间；而毫无关联的两个空间则应该分开设置，如儿童游戏区与室外厨房、泳池与读书区域。

2. 空间轮廓的配置

在概念草图阶段，每个功能空间的划分可以用大大小小的圈圈来表示，其空间形态比较模糊；然而，到了功能图解阶段，则需要明确每个空间的大致轮廓。它是一种对空间属性的概括，不是诸如圆形、矩形、45°斜线型等具体的形式。空间轮廓的配置可以简单地划分为三种大致的类型：单一形态、L 形、复杂的组合形态。

单一形态的空间轮廓配置具有较强的统一感，整个区域的形状比较规整简单，人无论站在哪个位置，都能够一览无余的观看整个场地，这种轮廓配置的空间适用于聚餐、休息或者门廊等需要聚集的空间。别墅前院中设置了形状比较规整的矩形空间，主人坐在院中的座椅上，可以直观的欣赏对面的水景（图 4-13）。

L 形的空间轮廓配置是由一个类似于 L 形空间组成，即两个相连的空间，在弯曲的位置形成一个拐角，虽然是两个空间，但是两者之间却能够保持视觉上和使用上的连续性。在别墅前院右上角的休息区域，构成了前院空间中的一个子空间，与下面规整的矩形空间，建立了一种既连通又独立的 L 形空间（图 4-14）。

图 4-13 单一形态的空间轮廓配置

图 4-14 L 形的空间轮廓配置

复杂组合形态的空间轮廓配置是由一条充满变化的边界线组成，这条边界线可以根据空间的需要，进行任何的推拉和变换组合，从而形成多样化的“凹凸空间”（图 4-15a）。“内凹空间”可以形成供人停留交谈的休憩场所，而“外凸空间”则建立了不同空间之间的分隔。如图 4-15b 中庭院到建筑入口之间的道路，被划分出了多个“内凹型”的口袋空间，可供人们休息、交流。

a)

b)

图 4-15　复杂组合形态的空间轮廓配置

a）多样化“凹凸空间”的设计　b）内凹空间用于休息

3. 空间内部的划分

在概念草图阶段，空间进行了比较概括的划分，这一阶段则需要将大块笼统的空间进行内部细致的划分，如何组织好每个空间内部的子空间，则需要更清晰的了解各个空间的潜在功能。例如，图 4-16b 将图 4-16a 中的入户缓冲区域，细化为更为具体的功能区域：入户平台、日光区域、过渡区和休息区。同时，还需要考虑不同空间之间的交通流线或人的运动轨迹，可用粗细不同的线条与箭头的组合方式，表示主要和次要流线。

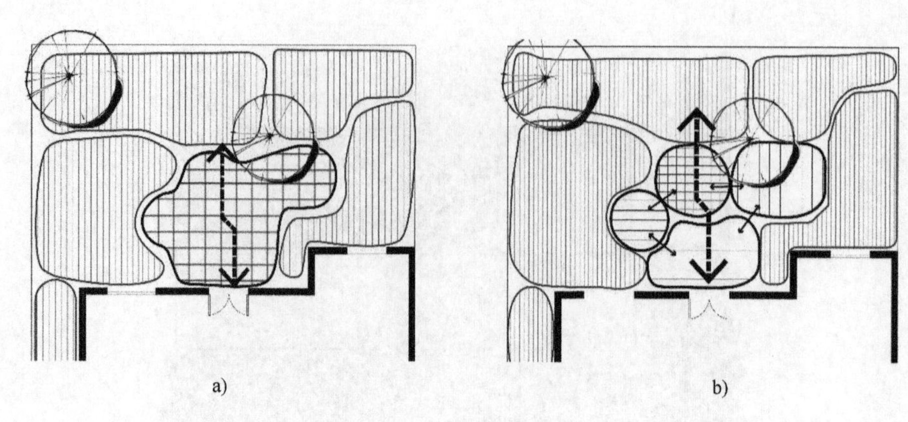

图 4-16　将入户缓冲区域进行空间的内部划分

a）入户缓冲区域　b）内部空间的细分

4.2.3　案例解析：功能图解的生成过程

在完成了概念草图阶段以后，还要继续将概念图进一步细化，让场地的每一个区域都有对应的功能。图 4-17 中的灰色区域代表硬质铺装场地；绿色区域是草坪和地被组成的植物范围；绿色圆圈代表了高低不同的乔木。此外，草坪作为背景，可以更好地衬托出景观的焦点，同时，景观焦点与草坪之间形成了良好的图底关系。到此就完成了功能图解的设计阶段。

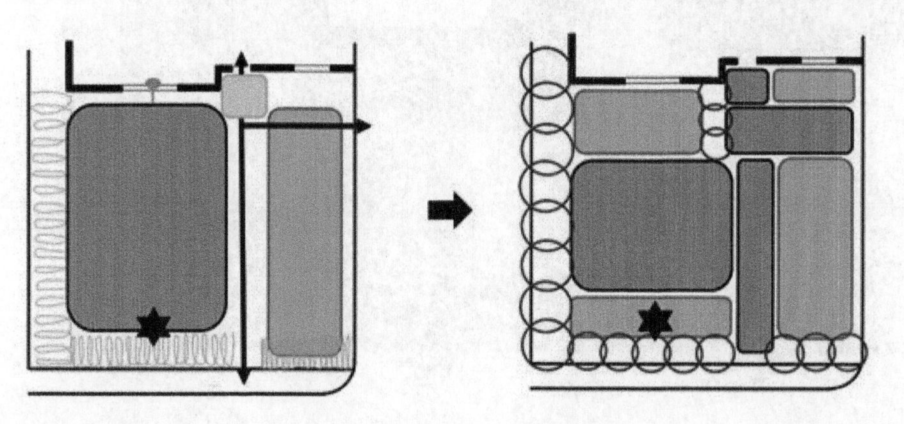

图 4-17　概念草图向功能图解的演变

概念草图向功能图解的演变（彩图）

■ 4.3　形式构成：二维平面的生成

4.3.1　形式构成的目标

形式构成的目标是将概念设计图中的大体分区，转化成拥有明确边界的具体形式，是对概念设计的进一步细化。

图 4-18a 中是概念草图，而图 4-18b 是在概念图的基础之上演变出的形式构成。形式构成中的空间，虽然在大小、比例、功能上都与概念图相似，但是在具体形式、位置、面积划分上更为精确，这就是概念图与形式构成的图形差异。

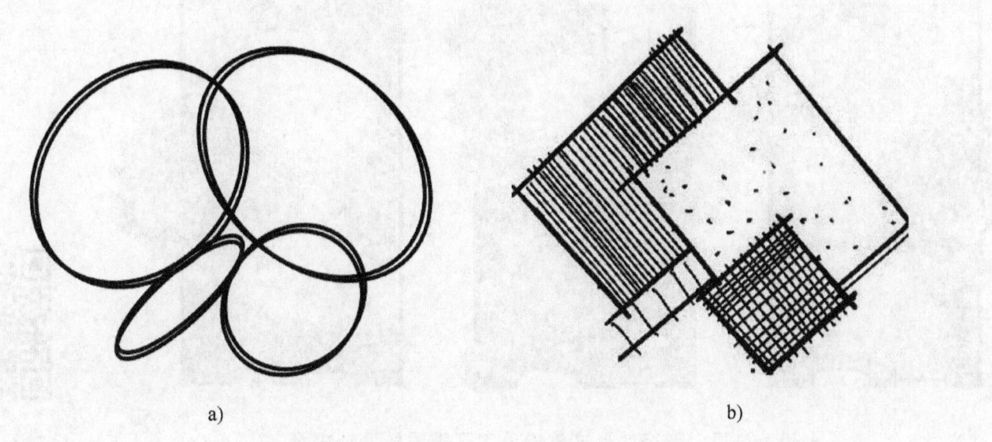

图 4-18　概念草图与形式构成的图形差异

a）概念草图　b）形式构成

4.3.2　设计主题的建立

形式构成除了确定了形式的边界以外，同时在视觉上也形成了一个视觉设计主题，图 4-19 中的几个不同形态的形式构成，都遵循了某一特定的规律，也就是都设定了一种设计主题，有曲线设计主题、圆形、矩形、斜线、角状、圆弧及切线设计主题。

图 4-19　不同形态的设计主题

设计主题是由某些特定几何形，经过重复使用而形成的，它是方案设计过程中的一种设计手法。图 4-20 中三张图都是同一个场地，在空间组织和功能划分上基本一致，但是由于选择了不同的设计主题，因此呈现出了不同的方案。所以，建立视觉设计主题，能使设计中的所有元素和空间之间，产生统一和协调的形式秩序。

一个庭院景观方案中使用的设计主题，一般情况下由一种到两种形式组成，如果超过两种形式构成的组合形式，则很难获得一致性的主题。图 4-21 中的庭院将圆形、曲线、斜线多种几何形拼凑在一起（图 4-21），即一块场地被分散成许多不相关的部分。因此，不遵从设计主题，设计出的方案会很凌乱，缺乏视觉上的联系和秩序感。

图 4-20　对不同形态的形式构成设定了不同的设计主题

对不同形态的形式构成设定了不同的设计主题（彩图）

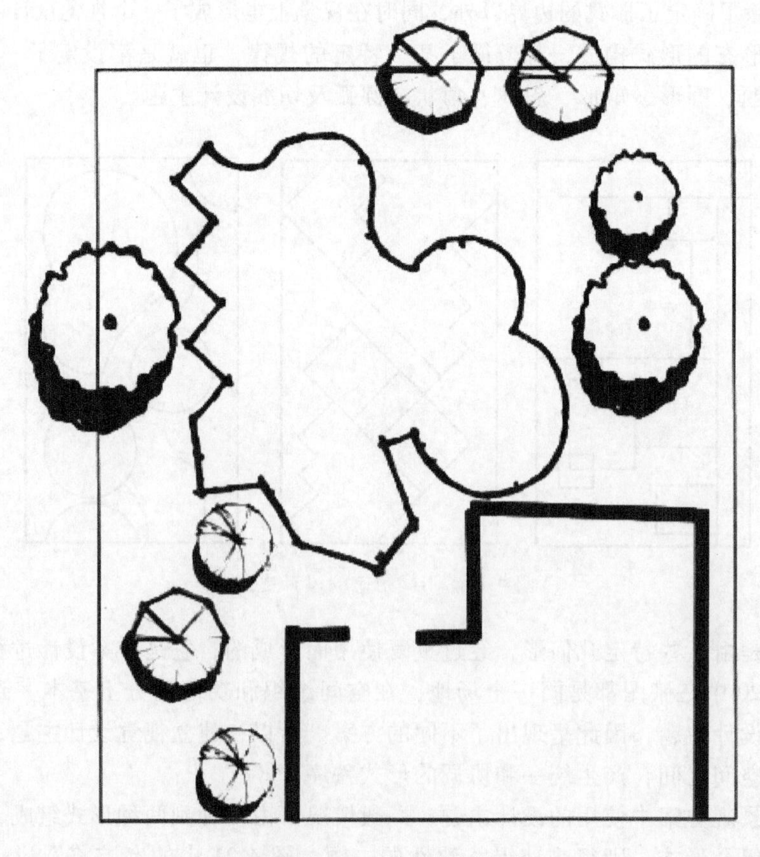

图 4-21　不一致的设计主题

4.3.3　不同形式的设计主题

庭院景观设计中常用的设计主题包括圆形、矩形、斜线、角状、曲线型、圆弧及切线设计主题。

圆形主题是由圆或部分圆为主要设计元素，包括叠加圆和同心圆的组合形式（图 4-22）。

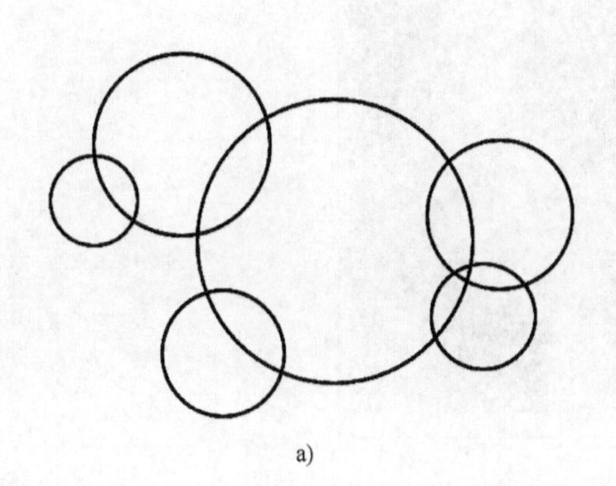

a)

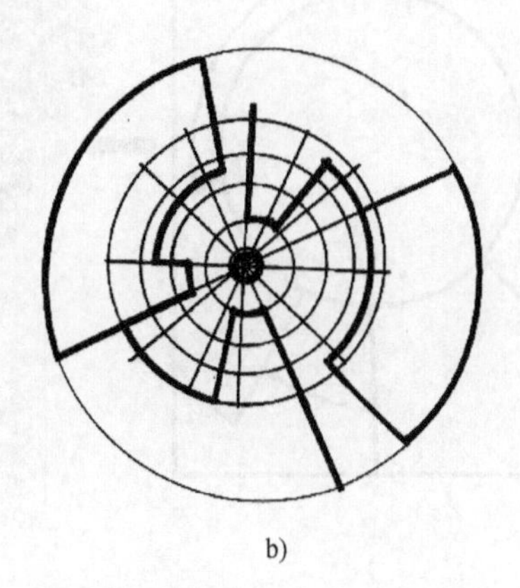

b)

图 4-22　叠加圆和同心圆的组合形式

a）叠加圆　b）同心圆

叠加圆是由大小不同的圆形相互叠加而产生的构成形式，值得注意：选用圆形时，应该有大有小，并根据场地面积来选取其中一到两个圆形为主要空间，而其他的圆形则作为辅助空间使用（图 4-23）。

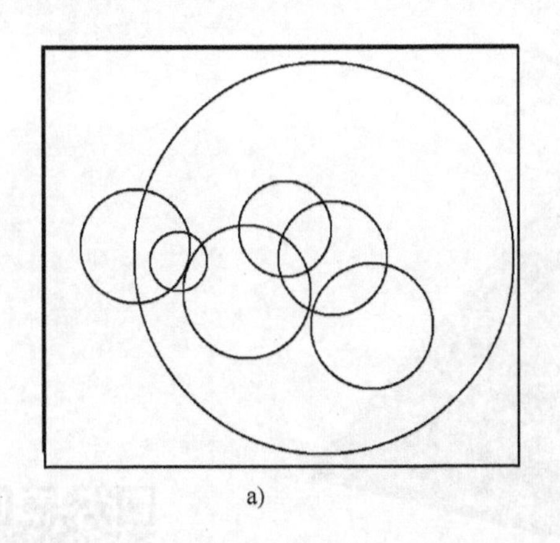

a)

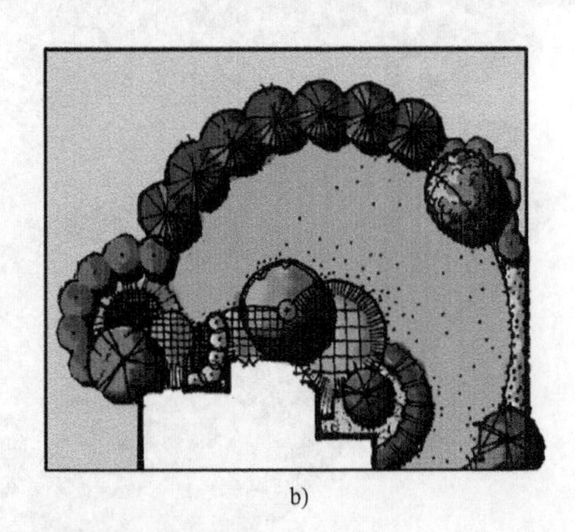

b)

图 4-23　大小不一的叠加圆的组合建构的一个圆形设计主题庭院

a）大小不一的叠加圆的组合　b）圆形设计主题的庭院

同心圆是一种强有力的构成形式，所有的半径或者半径延长线都要从原点发出，因此公共的圆心是整个构图的焦点。这种主题形式可以通过变换半径和半径延长线的长度以及旋转角度生成多样化的构成形式（图 4-24、图 4-25）。

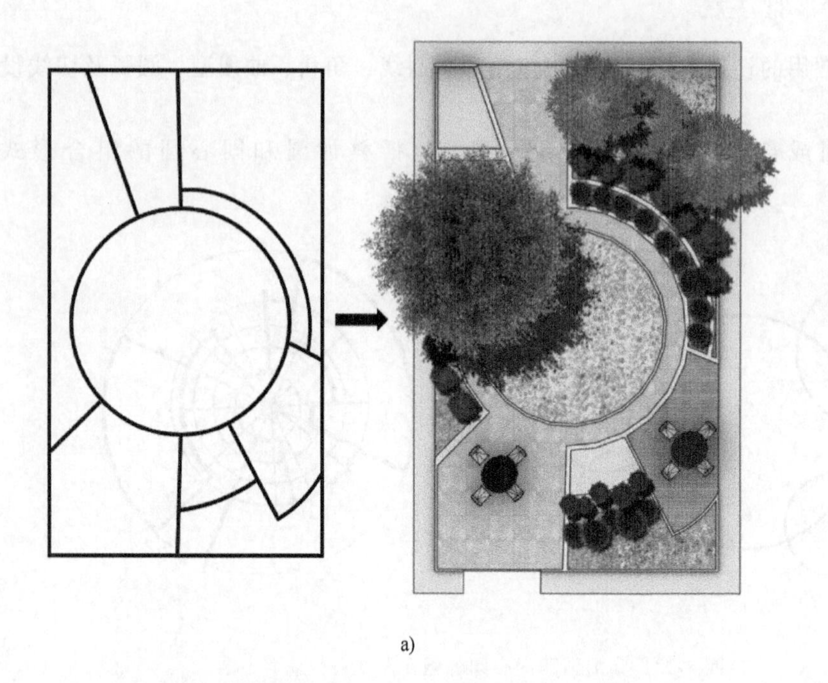

a)

b)

图 4-24　将重点放在圆的各个参量上产生多种同心圆设计主题（一）

a）形式构成的生成过程　b）庭院轴测图

庭院轴测图（彩图）

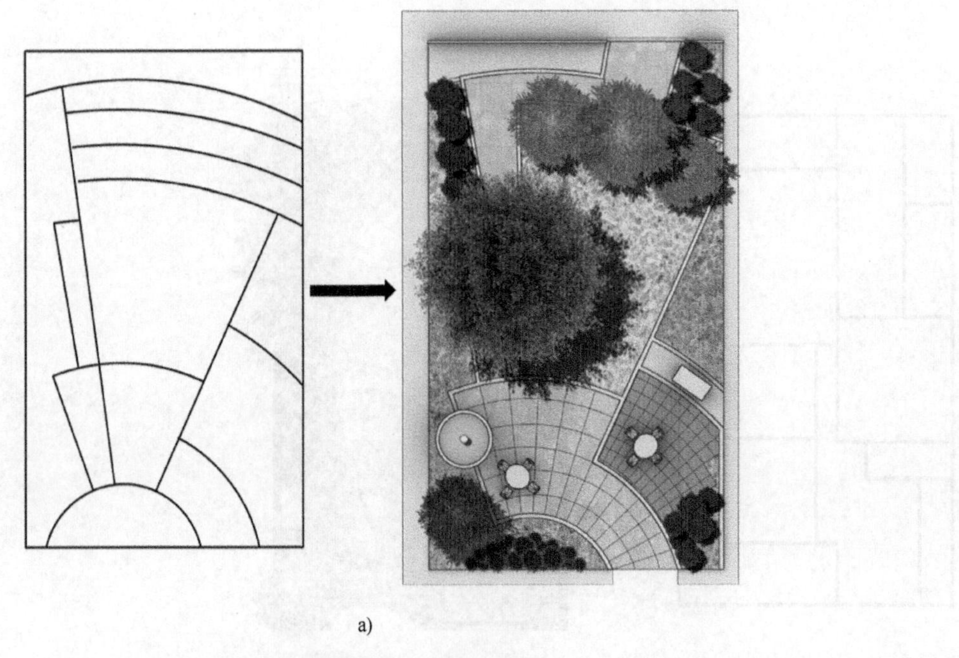

a)

b)

庭院轴测图（彩图）

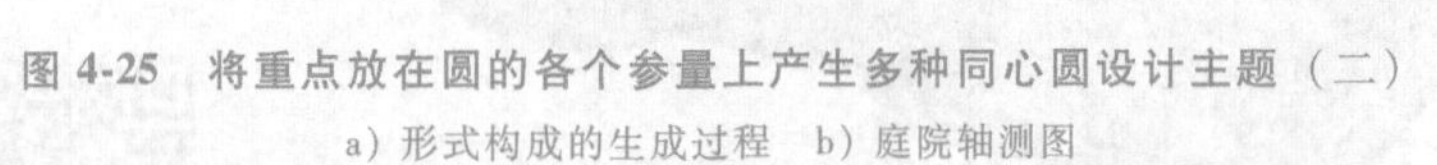

图 4-25　将重点放在圆的各个参量上产生多种同心圆设计主题（二）

a）形式构成的生成过程　b）庭院轴测图

矩形设计主题，由正方形和长方形组成，所有的形状与线条之间均为直角，这种主题的特点在于比较规整方正。在使用该种主题时，要注意矩形的尺寸要多样化，同时各个形状之间要根据空间的使用需求进行适度的叠加，从而形成清晰的层次与空间格局。例如，较大的矩形代表是最主要的功能空间，而次要的空间则应该选择尺寸较小的矩形（图 4-26、图 4-27）。

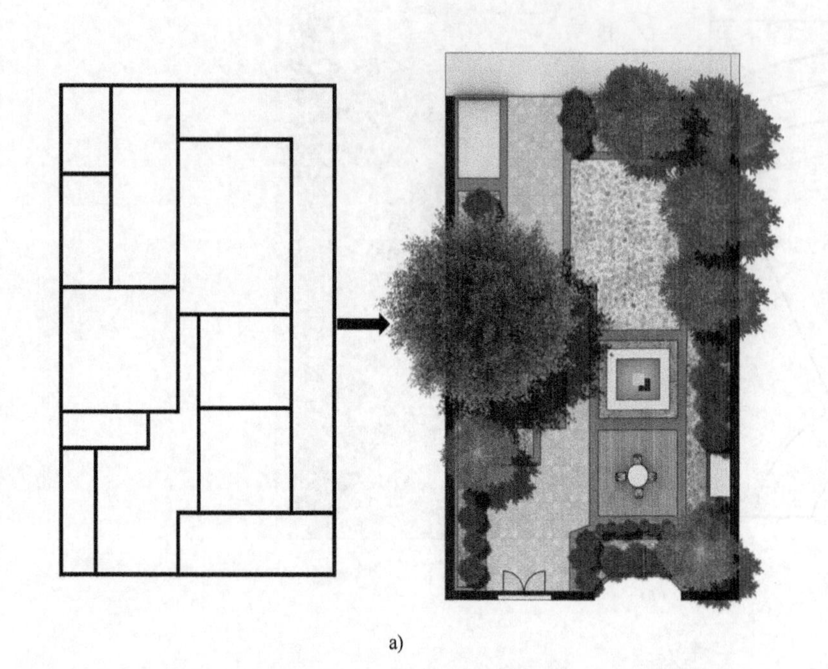

a)

b)

庭院轴测图（彩图）

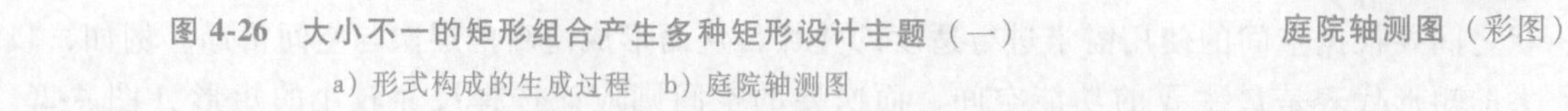

图 4-26　大小不一的矩形组合产生多种矩形设计主题（一）

a）形式构成的生成过程　b）庭院轴测图

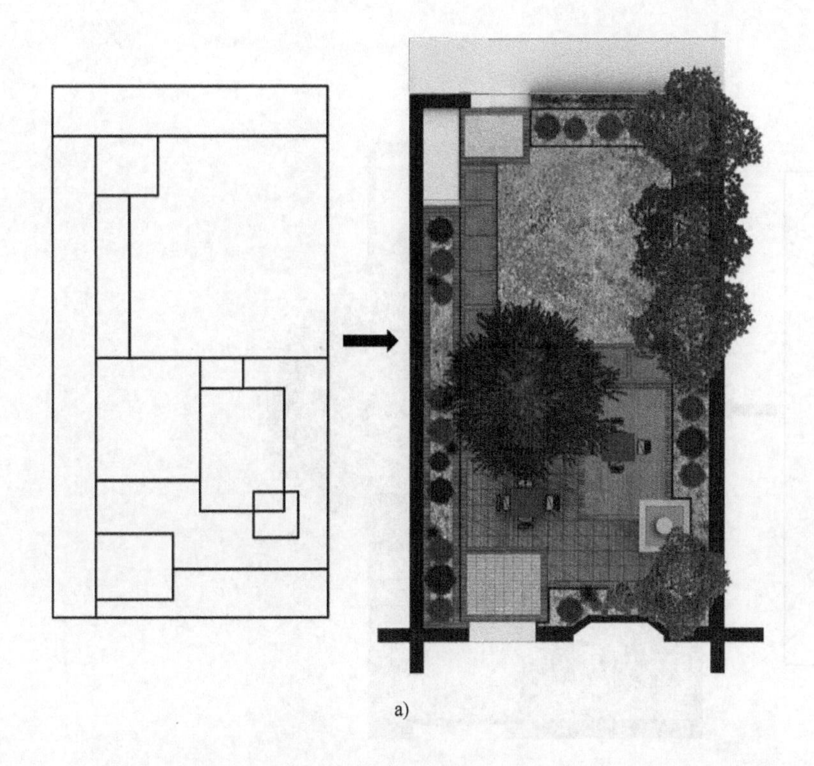

a)

b)

庭院轴测图（彩图）

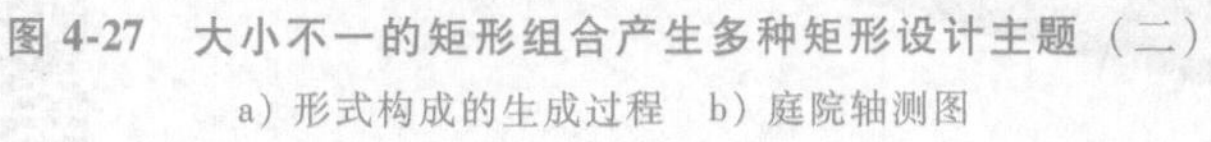

图 4-27　大小不一的矩形组合产生多种矩形设计主题（二）

a）形式构成的生成过程　b）庭院轴测图

斜线设计主题，一般情况下选用与建筑成 45°或者 60°的斜线，实际上它与矩形设计主题相似，只是在矩形主题的基础之上将其旋转，使其与房屋形成了一定的倾斜角度。45°或者 60°的角度在空间使用起来比较舒适，不会形成很难使用的锐角（图 4-28、图 4-29）。

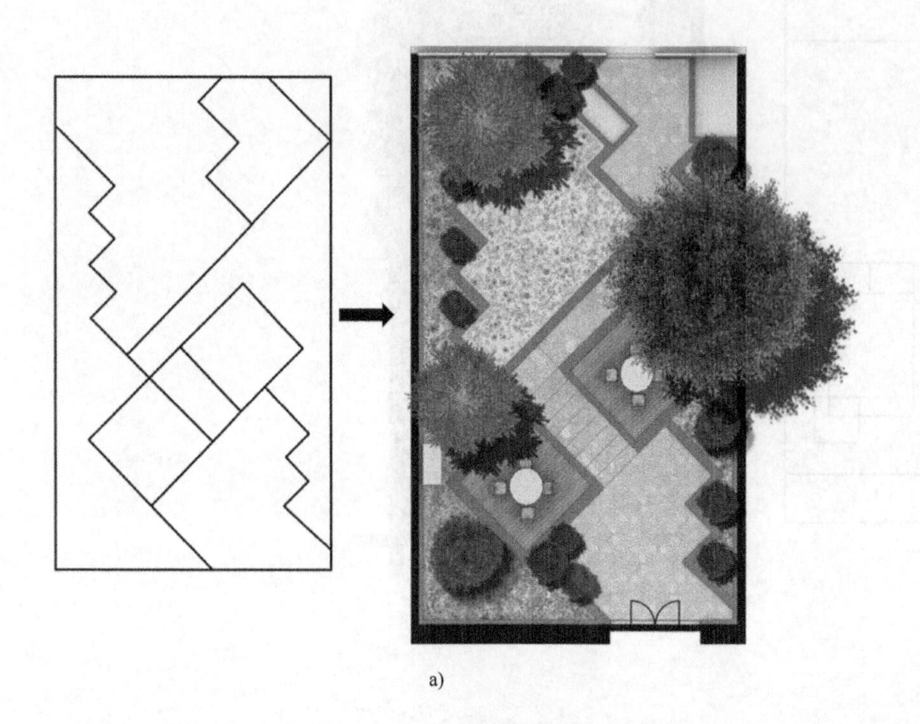

a)

b)

图 4-28 选用与建筑成 45°的斜线营造多种斜线设计主题（一）

a）形式构成的生成过程 b）庭院轴测图

庭院轴测图（彩图）

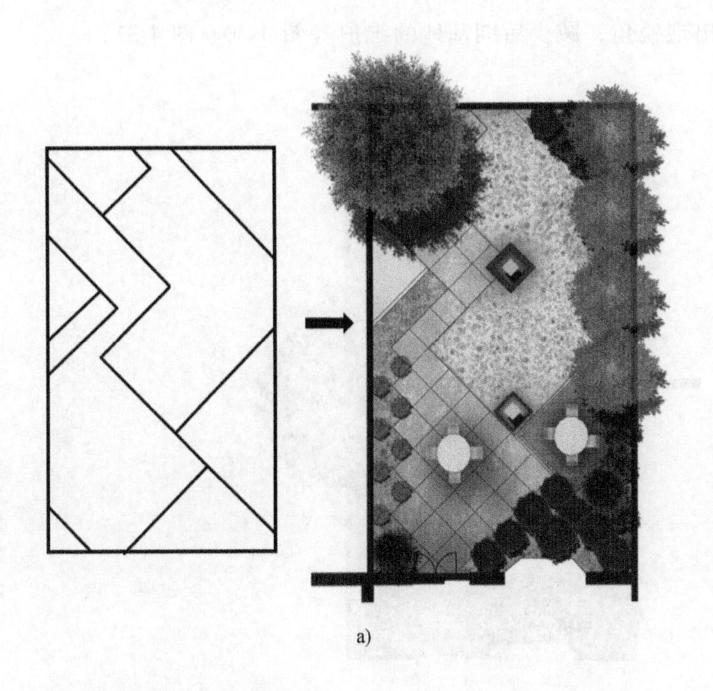

a)

b)

庭院轴测图（彩图）

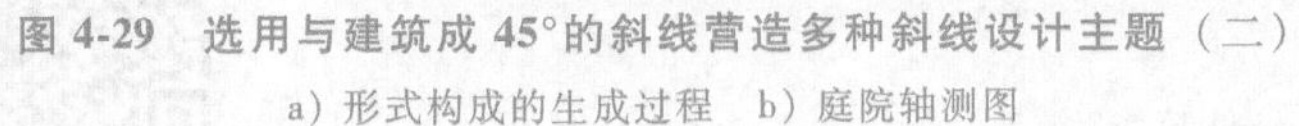

图 4-29　选用与建筑成 45°的斜线营造多种斜线设计主题（二）

a）形式构成的生成过程　b）庭院轴测图

角状设计主题，由一系列成角度的线段组成，该主题极具动感、个性和视觉冲击力，适合不规则的地形或者对场地有特殊要求的地形。选用角状设计主题时，应尽可能地选用大于

45°的角，从而避免空间中出现锐角，减少后期基地的维护（图 4-30、图 4-31）。

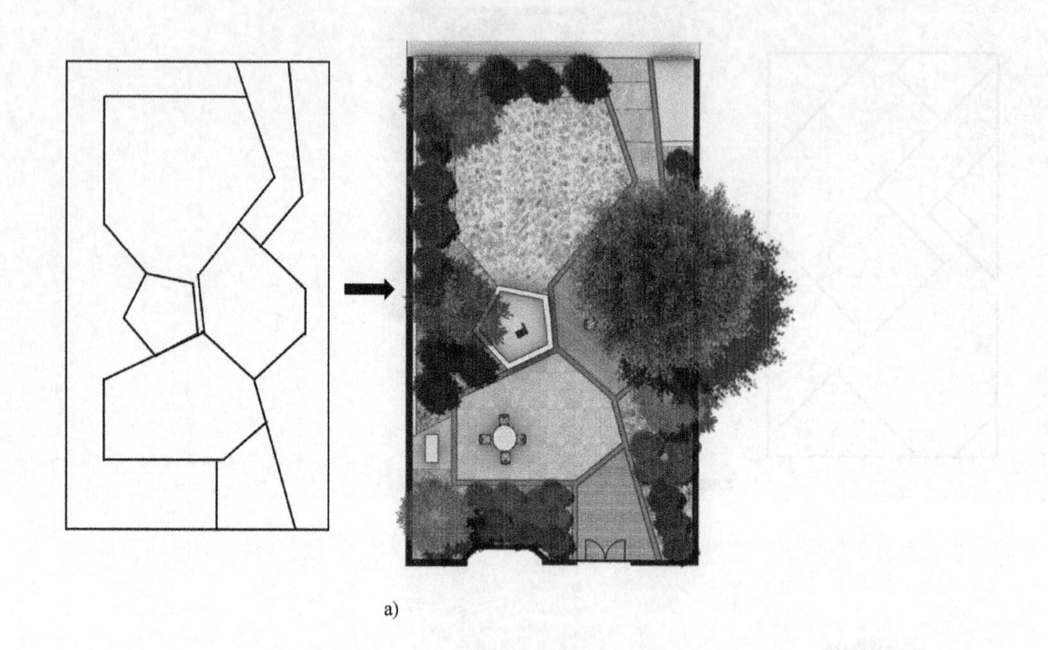

a)

b)

图 4-30　将一系列成角度的线段营造多种角状设计主题（一）
a）形式构成的生成过程　b）庭院轴测图

庭院轴测图（彩图）

图 4-31　将一系列成角度的线段营造多种角状设计主题（二）

a）形式构成的生成过程　b）庭院轴测图

庭院轴测图（彩图）

曲线设计主题，是一种比较常用的构图形式，适合自然、田园式的设计风格。其运用大小不同的正圆和椭圆的轮廓来构成整个形式，通过截取其中的一段弧线，然后将这些弧线以一种柔和、平滑曲度连接在一起，从而建立连续的、流动的曲线。在进行形式构成过程中，需要注意：一是，尽量避免使用过多的小区率（半径过小）或是小尺度的曲线，这样的空间会显得琐碎且难以使用。二是，两段弧线最好以接近直角或者钝角的形式作为交接线，避免出现锐角形式（图 4-32）。

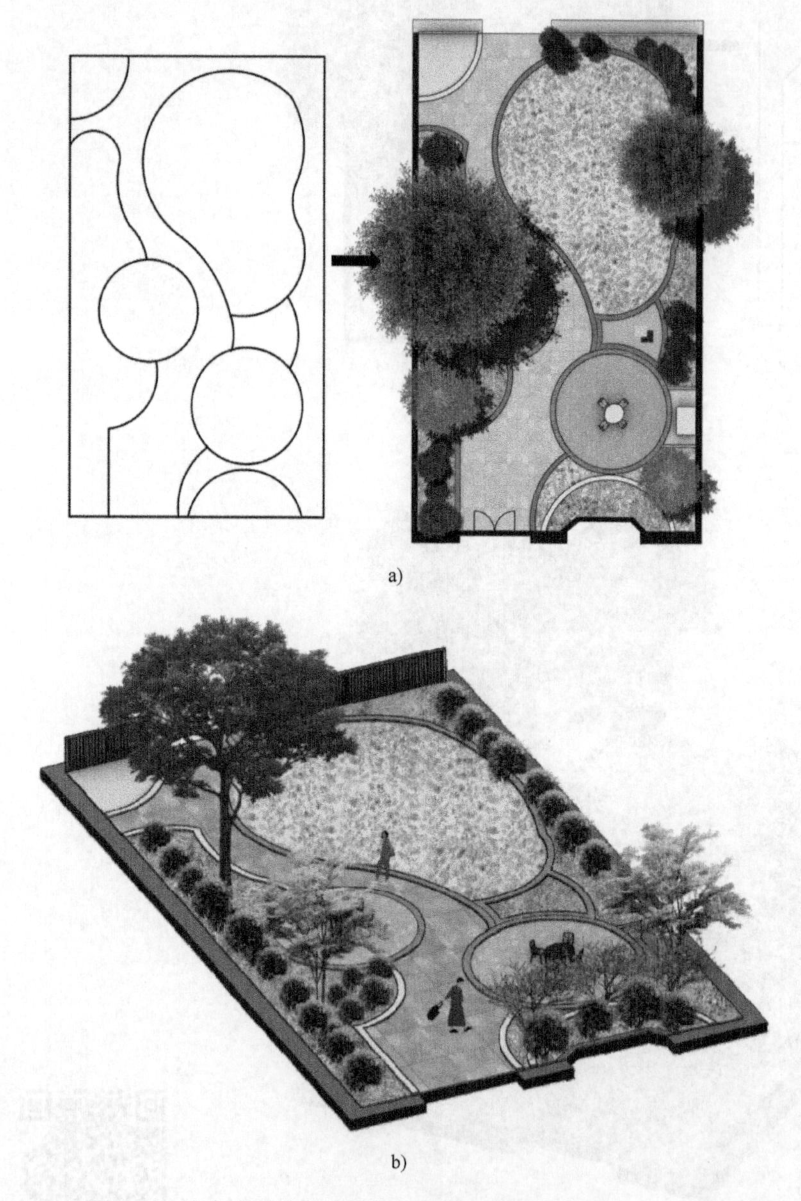

a)

b)

庭院轴测图（彩图）

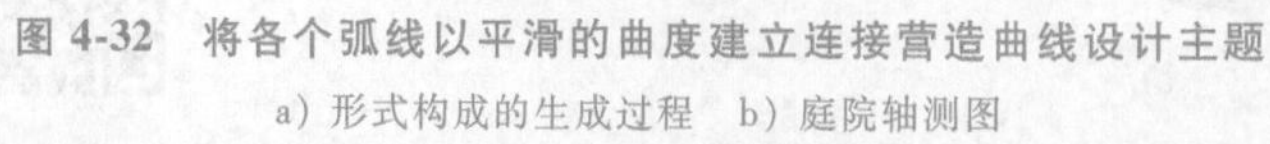

图 4-32　将各个弧线以平滑的曲度建立连接营造曲线设计主题

a）形式构成的生成过程　b）庭院轴测图

圆弧及切线设计主题，实际上是由圆形主题中的一段弧线与矩形主题中的直线组合而成

（图 4-33）。先绘制矩形设计主题，随后，将矩形的一部分变成弧形，这段弧形应该选用半圆的弧线、四分之一段弧线、四分之三段弧线，而不能随意将矩形倒个小小的角，这是由于这样的空间后期使用起来会非常不好用，而且视觉上显得凌乱琐碎、不够美观。

a)

b)

庭院轴测图（彩图）

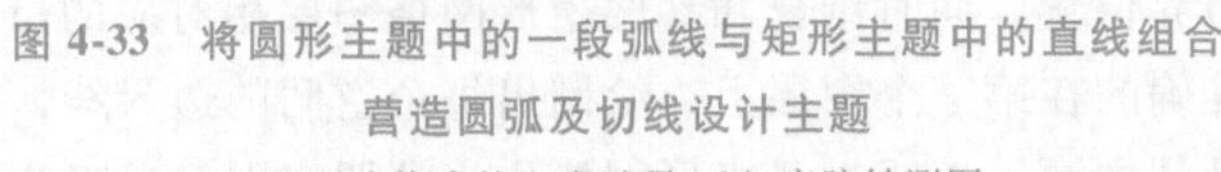

图 4-33　将圆形主题中的一段弧线与矩形主题中的直线组合营造圆弧及切线设计主题

a）形式构成的生成过程　b）庭院轴测图

在进行庭院景观设计时，设计师可以根据项目的不同需求，在方案构思和推导的过程中，选择多种设计主题形式。比如，要做一个以斜线为主题的方案，可以在概念图的下面，将45°斜线的网格作为参照底图，从而生成斜线设计主题。如果想要设计一个圆形的方案，就需要绘制同心圆作为参照底图，生成的则是圆形设计主题。如果想设计一个多边形为主题的方案，就要将大小不同的多边形，对应概念图里每个空间的基本位置进行组织规划，通过相应的整合，最终生成多边形设计主题。

视觉设计主题的建立包括很多种组合方式的，如可以将大大小小的圆形组合到一起，然后根据场地的需求，在不同的位置，提取每个圆形的一段弧线，再将这些弧线连起来，就变成了曲线的设计主题形式（图4-34）。

总之，同一块场地，会因为设计主题的不同，而呈现出多种不同的方案成果。

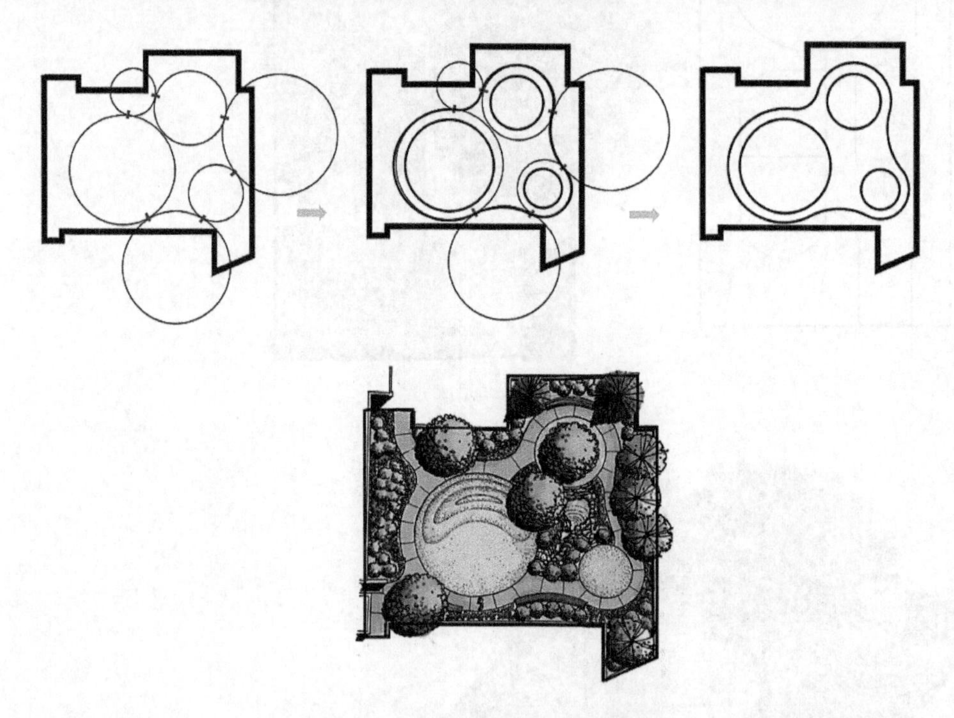

图 4-34　曲线设计主题的生成过程

4.3.4　案例解析：形式构成的生成过程

1. 案例一

根据场地情况，先确定一个设计主题，然后基于该主题，进行进一步的设计（图4-35）。该方案选用矩形设计主题，因此要选用90°矩形的网格线铺在功能图的下面，很容易在功能图基础上来组织出清晰的形状。接下来将概念图这个图层淡化一点，而后沿着概念草图里绘制的泡泡图大致的边界位置，同时结合和参照矩形网格图层相对应的位置，通过两个图层的叠加，就可以细致准确的在第三个图层上，绘制出每个空间的边界线，最后，就在前面的基础之上生成了矩形设计主题。表明有了矩形网格作为参照底图，通过它在形式上的暗示和引导，就可以将功能图中粗略的形状绘制的更加清晰明确了。随后，在前面图层的基础上再继续深化，生成了具体的二维形式构成。

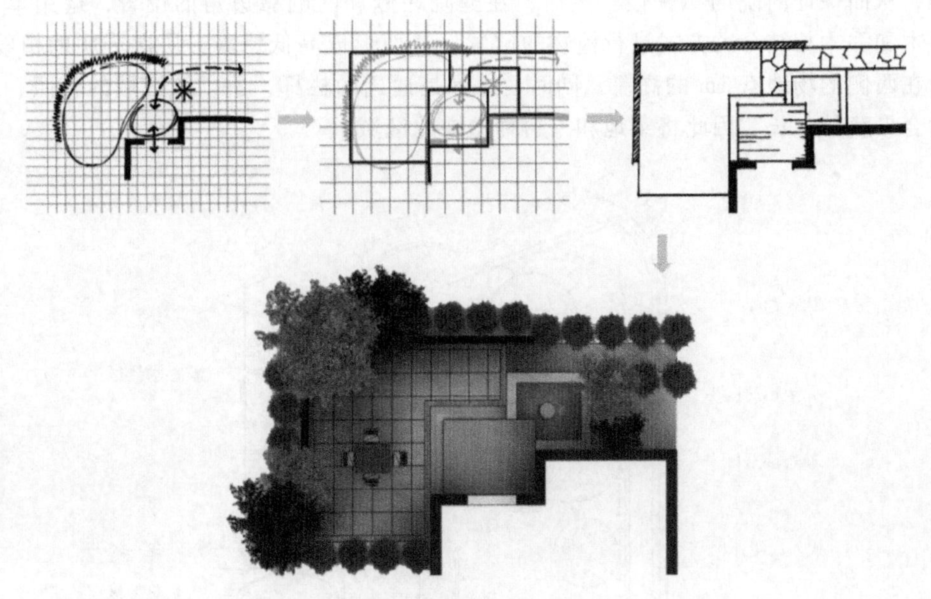

图 4-35　从概念草图到形式构成的生成过程

将形式构成图与概念图进行对比可以发现：功能图里用一条线表示的箭头，在重新绘制的二维形式构成中，则变成了用双线表示的道路边界；星形符号变成了用双线表示的景墙的边界，而里面的视觉焦点，则变成了雕塑喷泉；再如，概念图里的这些圈圈，演化成了明确的矩形空间形态；概念图里波浪形的线，则细化成了围墙。通过该手法完成了从概念图里的抽象物体向形式构成中具体物体的转化。最后，将铺装、植物、景观构筑物和小品等元素进行深化设计。到此为止，就完成了从概念图解到形式构成的转化。

2. 案例二

某庭院面积约 590m^2，西侧存在 1m 高差。保留场地内的乔木、停车位、木质平台和右侧矩形道路。场地北侧为公共绿化带、西侧为中心花园、南侧为车行道、东侧为次级道路。业主要求设置一处主要景观作为场地焦点，面积约 100m^2；夫妇要求设置读书、会客、聚餐区域；父母要求设置一处菜园；需要为 2 岁的孩子设置户外游戏区域。

首先，要对场地进行功能划分（图 4-36）。车行道、停车位和建筑的入户门是需要保留的场地要素。基于这三个条件，在庭院入口处设置了入口集散区和缓冲区，车直接进入停车位，行人通过缓冲区直接入户。在后院中心的位置设置核心水景区。院内有 4 棵保留的乔木，遮阴效果较好，因此区域设置休闲纳凉区，也是业主在室外最主要的休息和聚集区域。在水景区旁边设置儿童活动区。业主在这里休息的时候，也能让孩子在自己的视线范围之内活动，同时该区域挨着核心景观，有良好的视野。建筑左下角有一棵保留的银杏树，它的姿态优美，又有遮阴空间，建筑的两侧呈 L 形，将这里围合成了内凹的空间，适合人驻足停留，因此在这里设置了静态读书区。在建筑的东侧是次入口，布局方式类似于主入口，也设置了缓冲区，便于几个人同时在此处短暂停留聚集，进而使得空间显得不那么局促。

在完成了功能划分以后，就要对植物进行配置设计了（图 4-37）。首先，在入口区域设置层次丰富的植物群落，它的主要功能是形象展示，同时也将前院和后院之间进行了视线上的遮挡，从而保证内院的私密性。然后，在庭院北侧和南侧靠边角的位置，运用草坪、地被、灌木和乔木相结合的方式进行植物的配置，从而形成高低错落、层次分明的植物群落。最后，在西侧的场地有 1m 的高差，同时，边界是通透的栏杆，所以该区域的日照、通风良好，适合果蔬的生长，因此将菜地和果树种植在此区域。

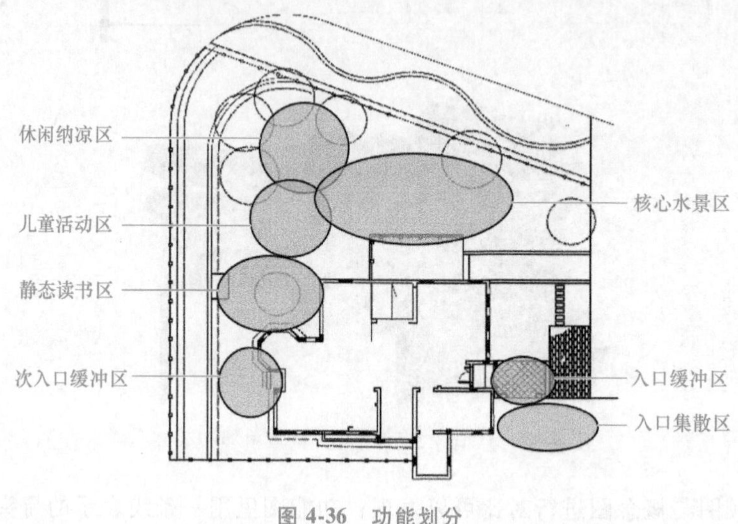

图 4-36 功能划分

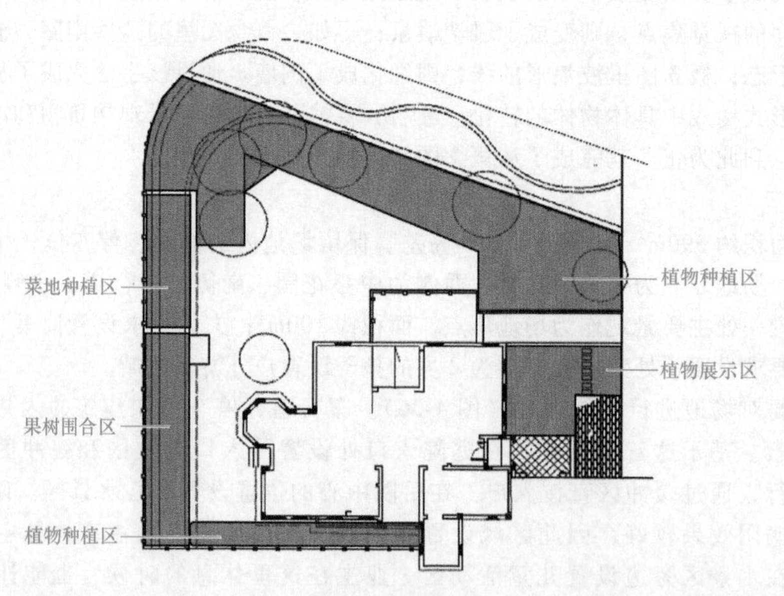

图 4-37 植物配置

随后，需要对交通流线进行组织（图 4-38）。从入口处到建筑主入口设置清晰的交通流线，同时在后院将核心水景、纳凉区、儿童活动区和读书区的道路，以串联的方式贯穿起来，最后可以抵达建筑的次入口。此外，人们也可以穿过场地保留的矩形道路，到达木质平台，然后入户，或去往读书区。总之，整个道路把所有的功能区域都串联起来，让每个空间都很方便的能够到达。至此，完成了概念设计。

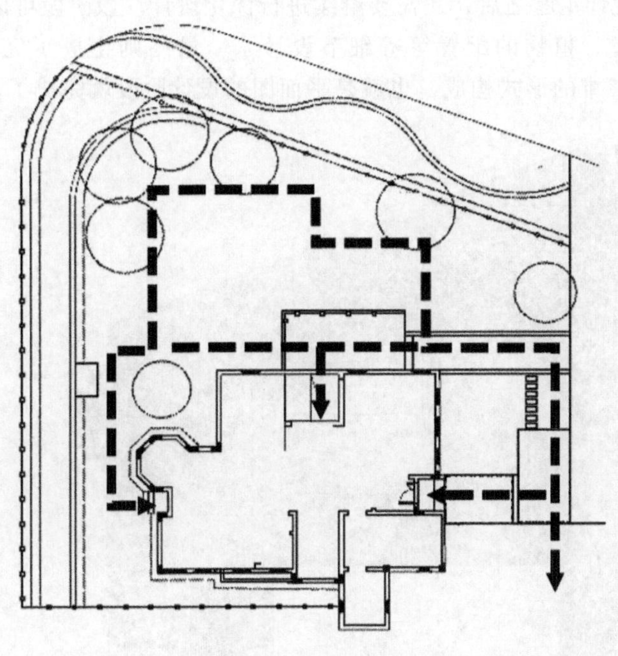

图 4-38　交通流线

下一步进入了形式构成阶段（图 4-39）。首先，根据场地条件，确立设计主题。场地原有的道路和木质平台都是规整的矩形，因此该方案继续沿用矩形设计主题。在概念草图的基础之上，生成矩形设计主题，即每个功能区域与概念图都是一一对应的。如果把概念设计这一图层隐藏，则可以呈现出清晰的边界线。

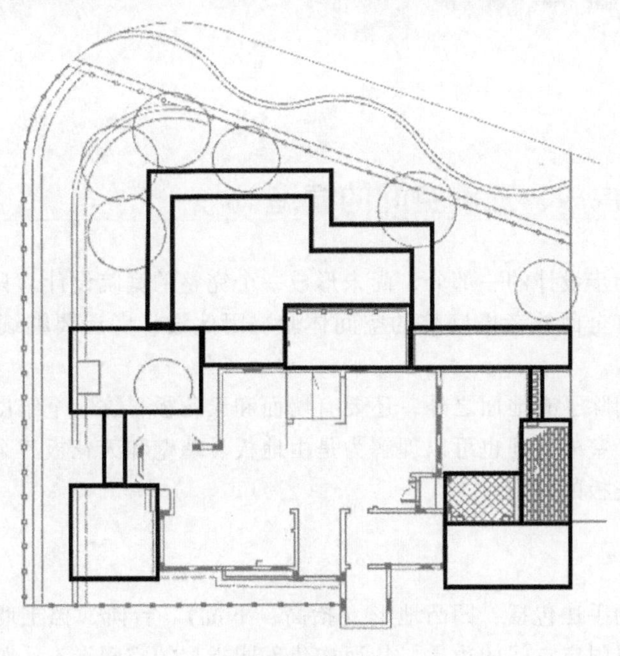

图 4-39　形式构成

在完成了矩形设计主题之后，还需要继续进行深化设计。该阶段可以完善具体的铺装形式、景观小品的位置、植物的配置等等细节设计了，最终则生成了完整的方案设计图纸（图 4-40）。至此，二维的形式构成，也就是平面图的设计阶段就完成了。

图 4-40　平面图

平面图（彩图）

4.4　空间构成：三维空间的营造

形式构成只是初步设计的一部分，尚未形成一个完整的庭院设计。只是对设计进行必要的二维研究，并没有全面的考虑庭院的空间体验。因此设计者还要继续在二维形式构成之后，加入三维的因素。

就像室内的房间除了有地面之外，还要有墙面和天花板，这三个维度组合在一起才能为人提供活动的空间。室外空间也可以理解为是由地板、墙壁和天花板三个面围合而成，也能达到类似墙壁和天花板的作用。

4.4.1　地形的塑造

营造地形高差的手法包括：凹凸地形（抬高、下沉）、台阶、挡土墙。在基地内营造地形高差的变化，可以限定空间的边界，从而构建不同类型的空间形态。如果庭院地势过于平坦，视觉效果和空间体验会显得比较单调，因此可以运用了下沉和抬高的方式，营造了两个不同高差的场地，同时也产生了私密和开敞两种不同功能的空间。地形的变化：一方面，塑造了丰富的竖向空间；另一方面，从工程量上来说，下沉空间挖出来的土堆在小丘上，可以保证土方的填挖平衡，避免不必要的土方运输（图 4-41）。

图 4-41　运用抬高地形的方式营造丰富的竖向空间

4.4.2　植物的配置

在室外环境的总体布局和空间的营造方面，植物以暗示的方式建立室外空间的围合。例如，想要对场地的边界进行限定，同时又要营造开敞、通透的视觉体验，可采用草坪、地被、低矮的匍匐灌木，暗示空间的边界（图 4-42）。如果想要在垂直面上增加围合感，可采用地被、灌木、小乔木相结合的方式，从而在竖向空间上，限制视线的穿透（图 4-43）。要想营造非常封闭的空间，可以在半开敞空间的基础之上，再加入冠幅较大、分支点较高的乔木，从而在顶面进行围合限定，进而营造具有较强私密性的空间（图 4-44）。

图 4-42　植物以暗示的方式建立围合

a）规则式　b）自由式

总之，植物通过各种变化和组合方式，形成各种不同性质的空间形式，或封闭、或开敞。当然，植物对空间封闭程度会受到植物的种类、生长周期、季节、株距、种植密度等要素的影响，从而呈现不同的空间围合效果。

图 4-43　植物在垂直面建立围合

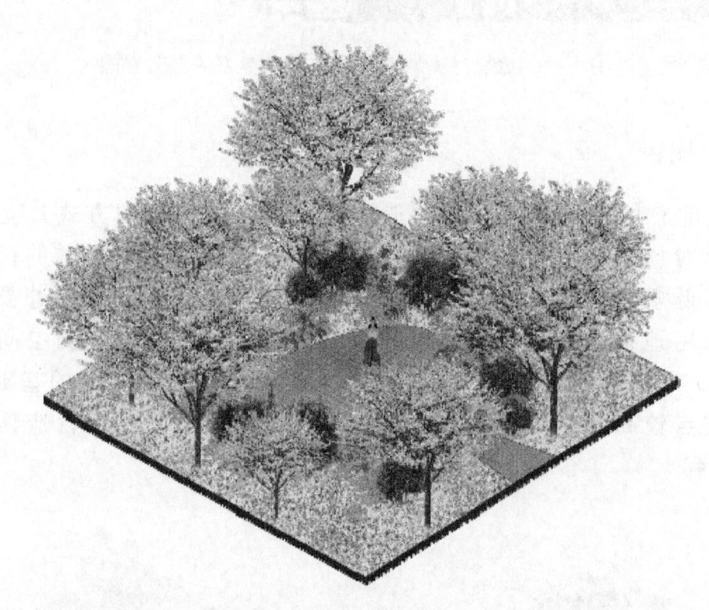

图 4-44　植物在顶面建立围合

4.4.3　园林构筑物的组织

庭院中常见的园林构筑物主要有亭子、廊架、花架，它们为使用者在室外的活动提供遮蔽，同时也是划分室外空间格局的重要元素。

图 4-45 中的亭子和花架，它们对空间的塑造所发挥的作用，同建筑内部的屋顶的功能相似，可以遮阳避雨、休息交谈，它们在垂直面和顶面的围合，形成含蓄的“灰空间”，起到了组织景观的作用。

当景观构筑物不同的高度和开敞的程度，会直接影响立面和顶面的通透度，从而使空间的围合效果产生变化。如果需要营造私密、封闭的空间，可以选用厚实的凉亭屋顶；如果需要营造半开敞的空间，可以选用廊架和长得比较稀疏的树木；如果需要直接看到天空和云朵，则顶面则可以完全开敞，营造通透的空间体验。

图 4-45　亭子和花架以暗示的方式建立围合

4.4.4　围墙的设置

在空间构成中，围墙是用来定义三维空间的主要实体元素，它在垂直面上对空间的封闭程度，取决于高度、墙面上洞口的面积。

不同高度的墙，围合程度不同，产生的私密程度不同。尺度越高，封闭感越强。但是如果较高尺寸的墙体内部设置了窗户或者不同形式的洞口，则封闭程度也会随着洞口面积的大小而产生变化（图 4-46）。

图 4-46　墙体内部设置窗户增强了通透性

总之，这些景观要素，在三维空间的营造方面发挥着重要作用，在竖向空间上对场地进行围合与限定。

4.4.5　案例解析：空间构成的生成过程

形式构成提供了基本的结构和可见的骨架，余下的设计都将在此基础上进行。如果能在第三个维度（竖向空间）上提供多样的围合，将会给人带来更加愉悦的体验。设计者可以运用上述设计要素来进行该庭院景观的三维空间的营造，即进入了方案设计的第三阶段：空间构成。

1. 案例一

如何建构一个室外的休息交流空间，从而达到类似像室内空间里的客厅一样的功能呢？

首先，要有一个足够的场地，放置一套桌椅，从而满足该区域的基本功能，也就是为人提供休息交流的使用需求；其次，运用草坪、植物种植池、围墙，在地面和垂直面上，对场地进行围合与界定。再次，增加廊架和冠幅较大的乔木，在顶面对空间进行限定，强化空间的特性。最后，对场地内的每个设计元素进行细部设计，例如，各要素的形态、材料、尺度、质感、色彩、比例等，这些方面的考量，能够突出该空间的特点，是设计过程中不可或缺的环节（图 4-47）。

某室外休憩空间的生成过程（彩图）

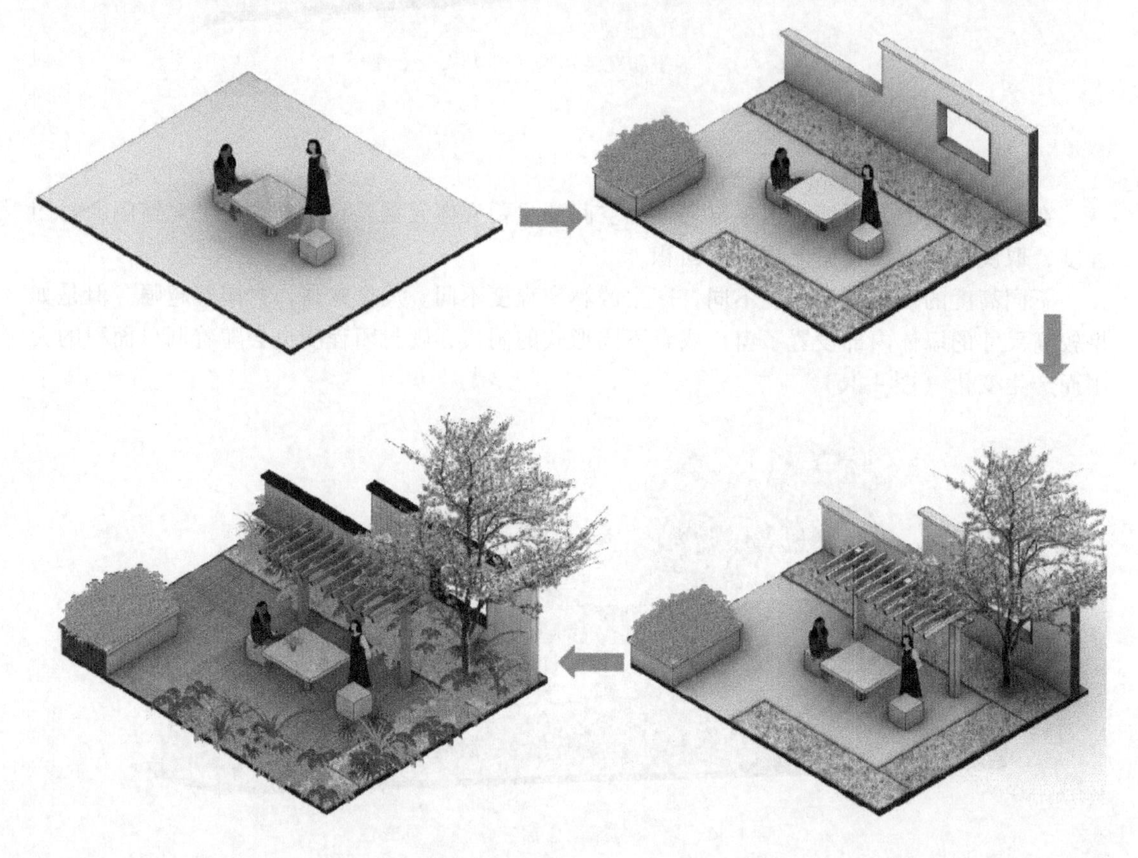

图 4-47　某室外休憩空间的生成过程

2. 案例二

在完成了二维的形式构成之后，下一步运用上述设计元素来进行庭院的三维空间的营造：在庭院的西侧，采用挡土墙和台阶的形式，营造地形高差的变化；中心景观水池设置了两种不同高度，水幕墙作为水池的焦点，不仅在此设置了喷泉，而且强化了水在不同高度跌落的趣味性；凉亭与西北角大型的乔木，构建了遮蔽的林下空间；庭院入口处的景墙，不仅在视觉上进行了遮挡，保证后院的私密性，同时也发挥了入口处的形象展示的功能。这些景观要素在竖向空间的营造方面发挥着重要作用，从而构建了多样化的空间形态（图 4-48）。

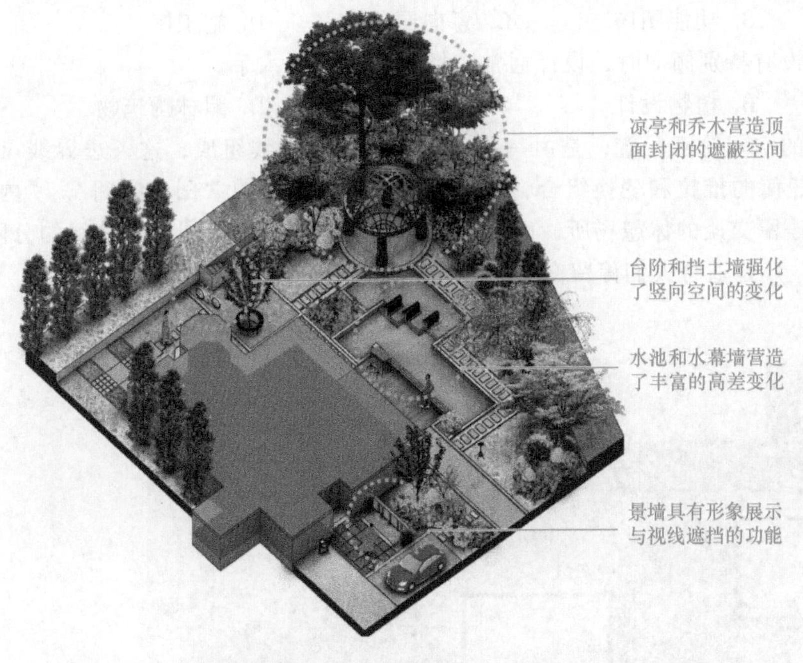

图 4-48　某别墅庭院的空间构成

某别墅庭院的
空间构成（彩图）

■ 习题

1. 概念草图强调的是对整个场地大框架的把控，在该阶段绘制的草图，不应该赋予每个区域高度限定的形式。如图 4-49 所示，（　　）是正确的概念草图绘制方式。

A. 图 4-49a　　　　B. 图 4-49b

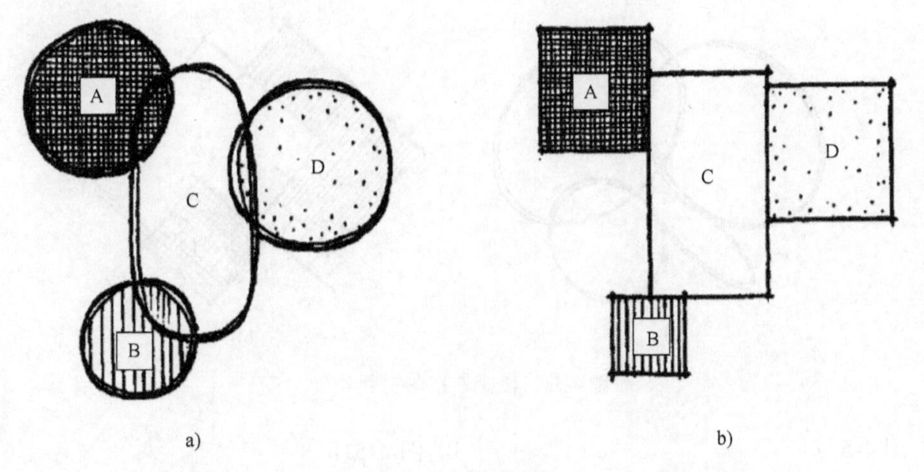

图 4-49　概念草图

2. （　　）是一种随手勾画的草图，它由许多气泡、线条等图解符号，抽象的表示出设计任务书中所要求的各种功能，以及它们与基地之间的关系。

A. 平面图　　　　B. 功能图解　　　　C. 意向图　　　　D. 施工图

3. 当场地与环境没有特别倾向时，设计通常选择从（　　）入手。

A. 场地造型　　　　B. 植物设计　　　　C. 功能布局　　　　D. 园林构筑物

4. 复杂组合形态的空间轮廓配置，是由一条充满变化的边界线组成，这条边界线可以根据空间的需要进行任何的推拉和变换组合，从而可以形成多样化的“凹凸空间”。“内凹空间”可以形成供人停留交谈的休憩场所，而“外凸空间”则建立了不同空间之间的分隔。如图 4-50 所示，（　　）是适合人们停留交谈的“内凹空间”。（多选题）

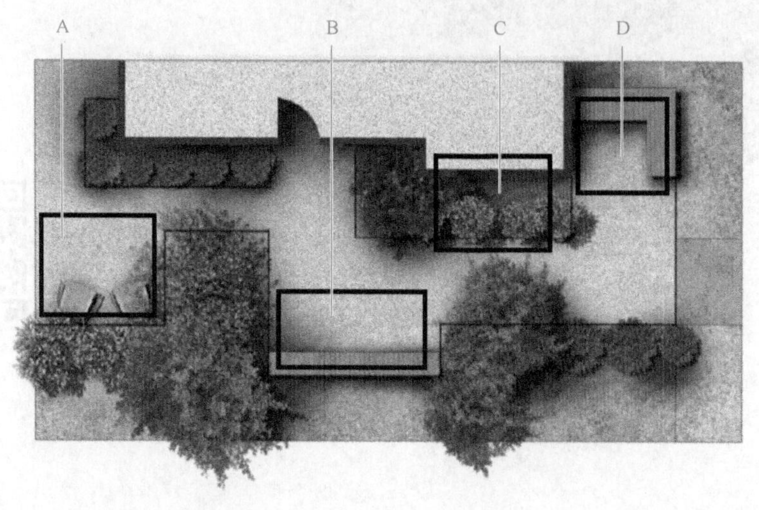

图 4-50　复杂组合形态的空间轮廓配置

A. A 区域　　　　B. B 区域　　　　C. C 区域　　　　D. D 区域

5. 形式构成将概念设计图中的大体分区，转化成拥有明确边界的具体形式，它是对概念设计的进一步细化。如图 4-51 所示，（　　）绘制的是形式构成。

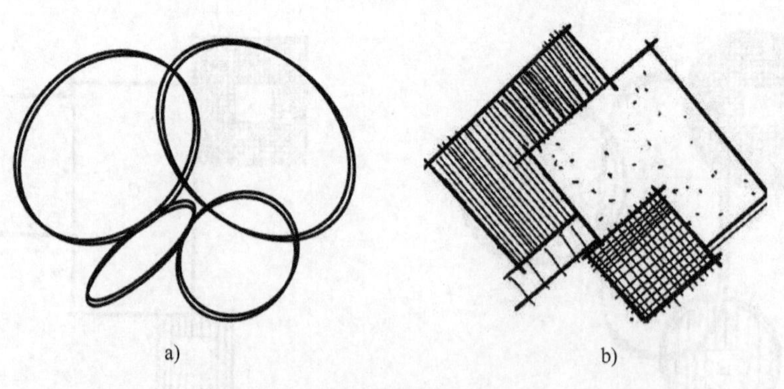

图 4-51　概念草图与形式构成

A. 图 4-51a　　　　　　　　　　　　B. 图 4-51b

6. 概念草图是对空间的大概位置和大小、交通流线的组织与表现。设计主题是由某些特定几何形，经过重复使用而形成的。图 4-52 绘制的是（　　）。

A. 概念图解　　　　　　　　　　　　B. 矩形设计主题

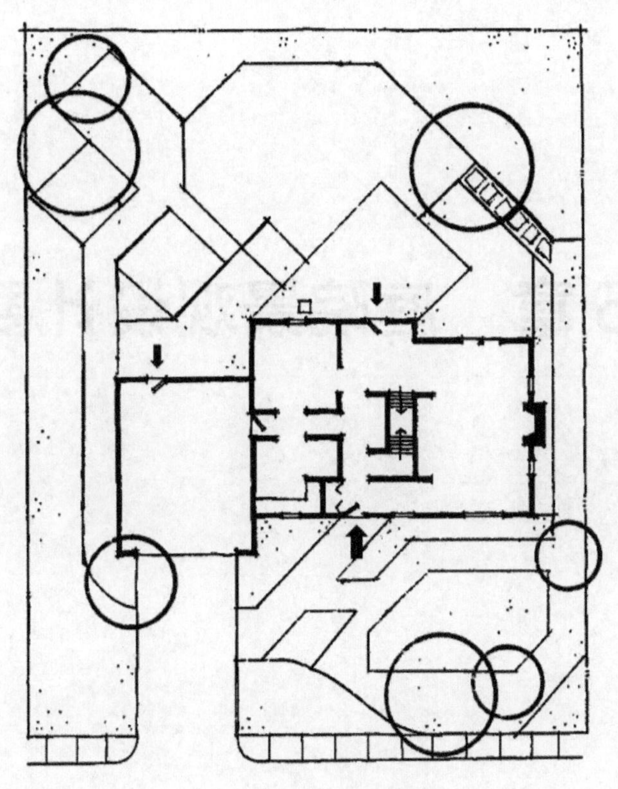

图 4-52　设计主题的确立

7. 竖向空间设计的景观元素有（　　）。(多选题)

A. 植物　　B. 景观构筑物　　C. 围墙　　D. 地形

8. 设想在顶面进行围合限定，达到类型屋顶的效果，进而营造具有较强私密性的空间，可以使用（　　）。

A. 草坪　　B. 地被　　C. 乔木　　D. 灌木

9. 如果拟通过地形高差的营造来对两个相邻区域进行空间的分隔，可以通过（　　）方式来完成。(多选题)

A. 坡道　　B. 台阶　　C. 挡土墙　　D. 植物

第 5 章　庭院景观设计要素

本章讲述了庭院景观设计中各个相关要素（如植物、铺地、园林构筑物、水体）的特点、基本形式、种类以及不同景观材料的具体应用手法。无论是工匠，还是艺术家，充分地了解与掌握自身专业所使用的材料是至关重要的。如木匠要对各种木材的特征与性能有深刻的认知、建筑工人要对各种建筑材料的特性烂熟于心、画家需要掌握各种颜料的性能与特点。每个匠人都要熟知各自专业领域中材料的固有物理属性，如材料在实践应用中有何限制因素、如何才能突破材料特性的限制，等等。与此相似，作为设计师也有责任去充分地了解构成景观设计的材料与要素，只有对这些设计要素有深入的认知，才能够对场地进行有效的设计和管理。

■ 5.1　植物

5.1.1　植物的类别

乔木是指树身高大的树木，由根部发生独立的主干，树干和树冠有明显区分。它可依其高度而分为伟乔（31m 以上）、大乔（21~30m）、中乔（11~20m）、小乔（6~10m）4 级。

灌木是指树体矮小（通常在 6m 以下）、常在树干底部发出多个枝干的木本植物。灌木的主干低矮，并且主干不明显，树木呈丛生状态。

藤本植物是指茎细长，缠绕或攀缘它物生长的植物。藤本植物分为木质藤本和草质藤本：木质藤本的茎较粗大，木质较硬。具有木质茎的称木质藤本植物，如紫藤、葡萄；草质藤本的茎长而细小，草质柔软。具有草本茎的称草质藤本植物，如地锦、牵牛花。藤本植物在庭院中常与围墙、花架、栏杆、篱笆等一起使用，其目的是为了美化墙体、视线遮挡、分隔空间。

地被植物是指那些株丛密集、低矮的，植株高度不超过 1m 的植物。它包括了多年生低矮草本植物，还有低矮的、匍匐型的灌木和藤本植物。

5.1.2　植物的功能

根据植物不同的围合方式，植物在景观设计中可以充当像建筑的地面（底面）、天花板（顶面）、墙面（垂直面）来限定和组织空间。它对庭院的总体布局以及室外空间的形成具有重要的建构功能。如在基底平面上，可以用不同高度和种类的地被或草坪类暗示和界定空间的边界，虽然它并不具有实体的视线上的阻隔和划分，但是却能够暗示着空间的边界（图 5-1）。

图 5-1　低矮植物具有暗示空间边界的功能

在垂直面上，分支点较高的乔木树干可以像外部空间的柱子一样，构成虚空间的边界（图 5-2）。

在顶面上，冠幅的大小、分支点高低、树叶的疏密程度又能够决定空间的闭合或开敞程度，即在顶面来进行空间的界定（图 5-3）。冠幅越大、分支点越低、叶子越浓密、体积越大，围合感越强，反之则越弱。空间的封闭程度还受到季节的影响。夏季枝繁叶茂，空间闭合程度高，而冬季则形成了更为开阔空旷的空间。

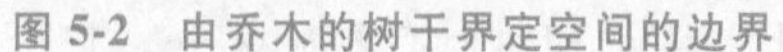

图 5-2　由乔木的树干界定空间的边界

图 5-3　由乔木的冠幅界定的顶面空间

在利用植物建构室外的空间时，可以通过植物间的各种组合方式，从而营造出开敞、半开敞、半封闭、私密的空间形式。例如，如果要营造十分开敞、外向的空间，可利用低矮灌木、地被植物、草坪作为空间的限定因素（图 5-4）。

图 5-4　低矮植物营造开敞的空间

如果要营造一面需要隐蔽、另一面需要开敞的空间，则可在其中一侧选用低矮灌木、地被植物作为空间的限定因素，而另一面或多面种植较高的植物，从而限制视线的穿透（图 5-5）。

图 5-5　两侧分别一高一低的植物配置形式营造半开敞的空间

如果要营造隧道式的覆盖空间，即营造秩序感、方向感较强且具有视线导引的空间，可以利用树冠浓密的遮阴树，营造顶部覆盖、四周开敞的空间（图 5-6）。

图 5-6　高大的乔木营造隧道式的覆盖空间

如果要营造非常隐蔽的区域，则同隧道式的覆盖空间相似，只是空间的四周密植一些中小型的乔木或者高大的灌木或者地被，进而营造具有较强私密性的空间（图 5-7）。

图 5-7　复合应用乔木、灌木、地被营造私密的空间

如果要营造四周封闭、顶面开敞的空间，则可选择树冠较小的植物（如圆锥形、圆柱形植物）（图 5-8）。

总之，仅仅运用植物这一种材料作为空间限制的因素，就可以营造出多样化的空间类型。通过植物的各种组合形式，可以形成相互之间既有联系又相互分隔的空间（图 5-9）。

植物可以有选择性地引导或者阻挡空间的视线，能够放大或缩小空间，利用植物来调节和改善空间序列，可以营造出丰富多彩的庭院空间。

图 5-8　垂直面密植圆锥形植物营造四周封闭、顶面开敞的空间

图 5-9　利用植物来营造变化丰富的空间

当然，虽然植物在庭院景观中能够对空间营造起到一定的作用，但是，植物通常会与地形、建筑互相配合，共同组织营造空间，构成空间轮廓。例如，植物与地形的结合，可以加强或弱化因地形的变化而形成的空间（图 5-10）。再如，植物通过与建筑的结合，能够完善建筑的空间范围和布局方式。L 形建筑将庭院形成了半围合的空间，利用植物在另外两侧对空间进行围合，从而营造出一个私密的内向型围合空间（图 5-11）。图 5-12 中的三栋独立的建筑分散地布置在院落之中，可以通过植物的线性组合方式，将孤立的建筑连接成一个完整的室外空间，使得空间更完整统一。此外，植物还可以将面积较大、空旷开敞的空间进行分隔，使其转变成具有多个功能的次级空间。如图 5-13 所示运用乔木营造出了林下步行道，

运用小乔木和灌木的组合方式划分出了三个独立的小空间。

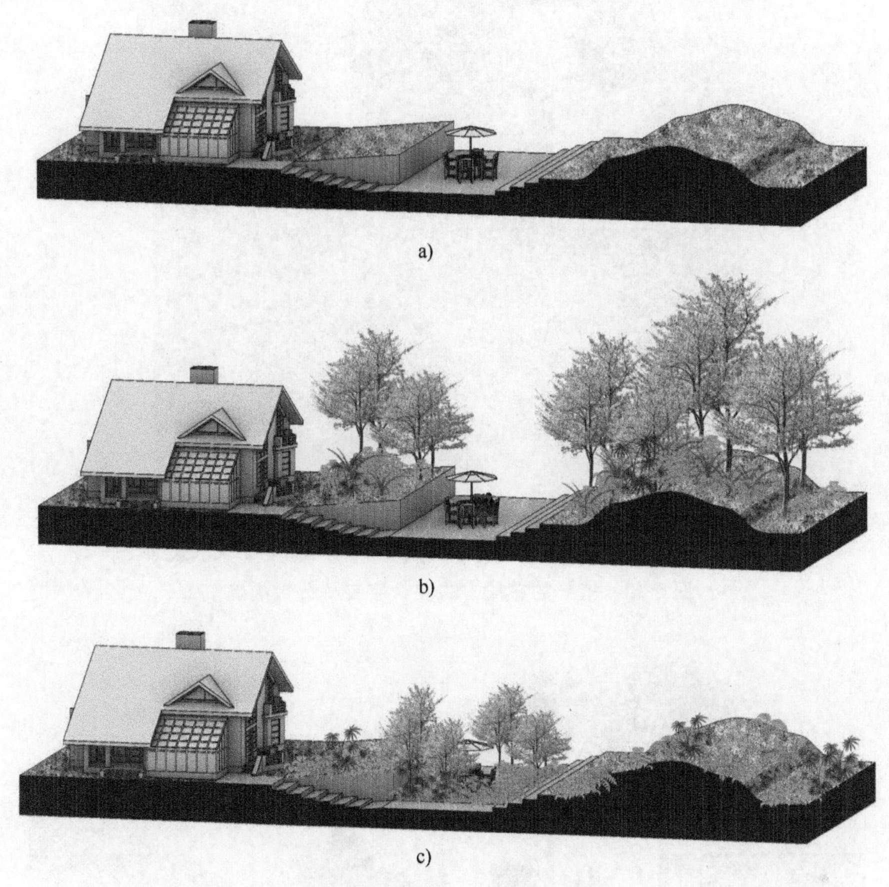

图 5-10　植物与地形的结合

a）原有场地　b）植物的种植强化了地形的变化　c）植物的种植弱化了地形的变化

图 5-11　植物与建筑共同围合出了内向型的庭院

图 5-12　植物的布局方式整合了三栋分散的建筑

图 5-13　运用植物分隔出了三个独立的小空间

总之，植物可以作为空间限定的元素，通过独立或与其他设计元素相结合的方式，营造多种不同类型的室外空间。

植物除了具有建构空间的功能以外，它还可以在一个整体环境中重点强调或者突出某些重要的节点。例如，建筑出入口、标识、庭院的景观焦点等（图 5-14~图 5-16）。

图 5-14　将植物与标识牌作为一个组团进行设置突出了位于中心位置的标识牌

图 5-15　采用对称的植物布局形式，突出了建筑的入口

图 5-16　规整的列植方式将视线导向端头的雕塑

植物同时可以弱化建筑和硬质铺装地面的边角位置，即通过植物的种植形式与组织，将生硬冰冷的边界处的棱角进行软化。图 5-17a 中的建筑和铺地显得呆板生硬，而图 5-17b 中通

a)

b)

图 5-17　植物对边角的软化功能

a）边角位置突兀　b）植物弱化了边角处的棱角感

过植物的配置，则显得空间边界处和拐角处更为柔和自然。再如图 5-18 中在建筑的边角处进行了层次丰富的植物配置，从而弱化了建筑边角处带来的单调乏味感。

图 5-18　丰富的植物群落弱化了建筑边角位置的单调乏味感

丰富的植物群落弱化了建筑边角位置的单调乏味感（彩图）

5.1.3　植物配置的形式

从宏观角度考虑，植物配置形式主要有自然式、规则式和混合式三种。自然式的植物配置形式主要是模仿自然界植物群落的形态。在树种的选择上，常选用多种不同种类的树种，以自然式不规则的株行距配置成各种形式（图 5-19）。规则式的植物配置形式一般配合中轴对称的格局进行布局，植物的配置均以等距离行列式、对称式为主。通过规则式的种植形式，将植物以不同形式进行等距的组合，可以分隔出多样化的空间（图 5-20）。混合式的植物配置形式是将前两种形式同时运用到一个场地之中。

图 5-19　自然式种植形式体现自然之美

在庭院景观设计中，规则式的植物配置形式适用于以规则的几何形为主题的设计（90°或 45°的设计主题）（图 5-21）。在以圆形或曲线型为设计主题的形式构成中，植物配置的形式也要结合与顺应场地的形态，运用流线型种植手法来模拟自然的设计（图 5-22）。除此之外，更为普遍和常用的植物配置方式则是将规则式与自然式相结合使用。

图 5-20　规则式种植形式营造不同功能的空间

图 5-21　植物的配置要顺应设计主题形式

a）契合矩形主题的植物配置形式　b）契合斜线主题的植物配置形式

从微观角度考虑，植物配置的具体形式包括孤植、对植、列植、丛植、群植。

孤植是指对一株植物进行栽植，要选择树木的形态、线条、动势、颜色等具有特点的植物，多以乔木为主（图 5-23）。孤植的树木所起的作用可以像一尊雕塑或喷泉，成为整个庭院空间中的主要视觉焦点，具有点景的效果。

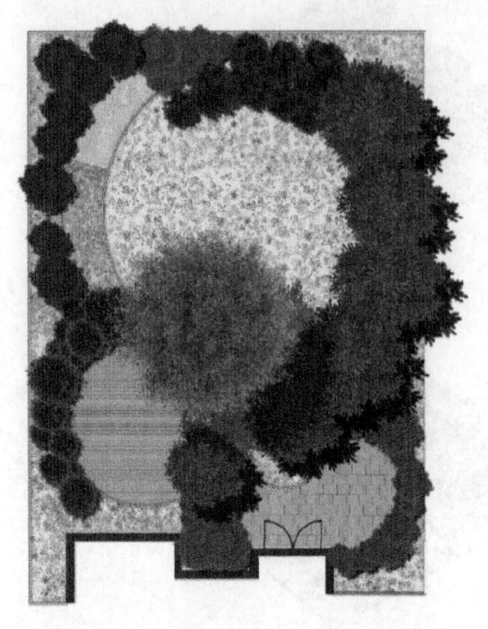

图 5-22　植物配置形式契合圆形设计主题

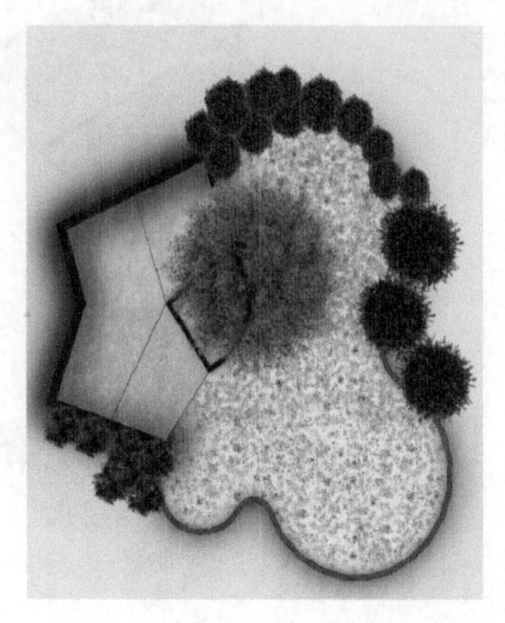

图 5-23　院落中心选择孤植的乔木

对植是指运用两组数量相近或相等的同种类的植物分布在构图中轴线的两侧，在规则式种植形式中多用于场地或建筑的出入口（图 5-24）、道路两侧；在自然式种植形式中，可以选用两株姿态和大小不同的同一树种，以非等距的距离种植在中轴线两侧，且两树栽植点的连线不能与中轴线的横轴平行。对植也可以在中轴线的一侧种植一棵大树，而在另一侧选择两株同种类的小树，也可以选择两组树丛，数量相似即可，两侧既要避免呆板的对称形式，同时又要形成左右呼应的关系。

图 5-24　规则式的对植形式

列植也称为带植，是指成行成带的栽植树木的形式。多用于道路两侧、建筑入口处以及规则式景观设计的庭院之中，体现规整简洁的景观效果（图 5-25）。

图 5-25　列植种植形式

丛植是指三到十株单一树种或者多种树种，以大小不一、不等距的组合形式进行配置（图 5-26），树木之间应该种植在不等边多边形的角点上，配置的形式要自然且符合艺术构图规律，切记树木栽植点之间的连线不能出现等边三角形或者正方形（图 5-27）。丛植即可当作庭院中的主景或配景，也可以当作衬托的背景。该形式的配置方式是庭院设计中最为普遍应用的方式（图 5-28）。

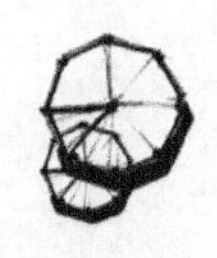 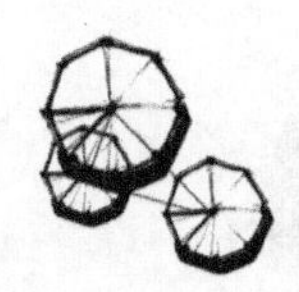 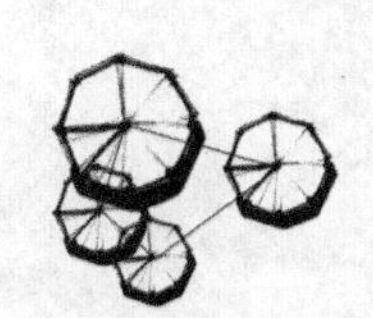 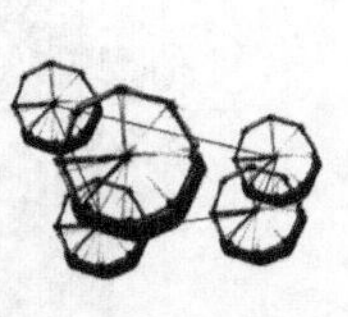 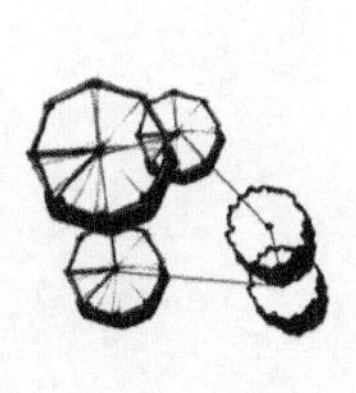 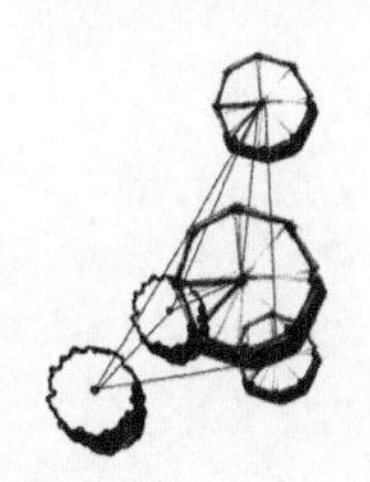

图 5-26　2~5 棵乔木的丛植形式

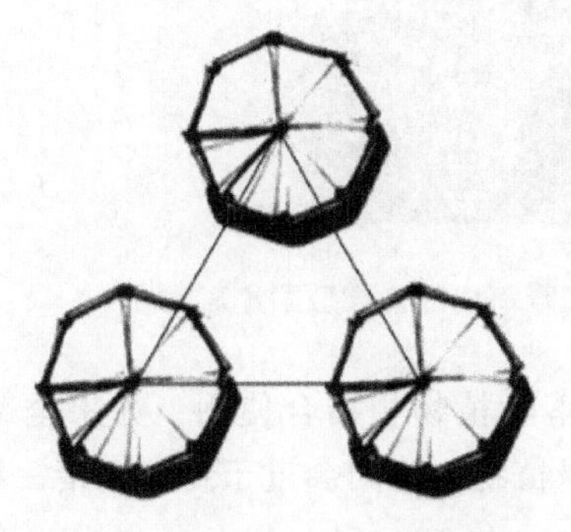 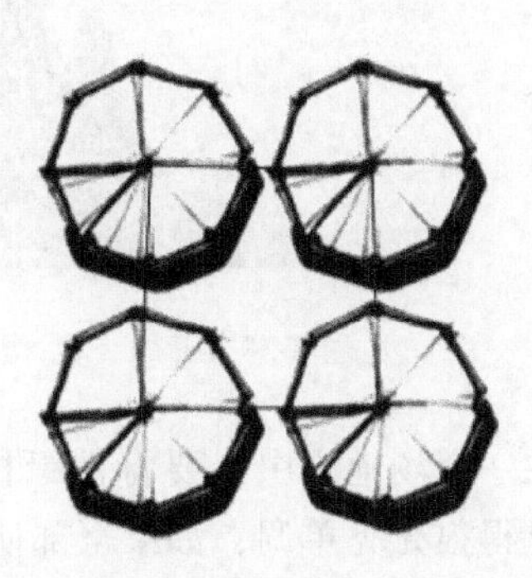

图 5-27　植物的栽植点之间的连线不能距离相等

群植是指由数十棵以上的乔木、灌木成群配置的形式，在庭院中一般由几种树种沿庭院围墙或者建筑边角的位置大面积进行配置，它在院落中常常作为背景或屏障，起到阻隔噪声、遮挡视线的作用（图 5-29）。

图 5-28　乔木、灌木、地被组合而成的丛植形式

图 5-29　乔木、灌木、地被组合而成的群植形式

5.1.4　植物配置的原则

在植物群落的搭配上，应该按照乔木、灌木、藤本、花卉、地被、草坪相结合的复合型配置形式，从而构建出稳定有序的多种类型的复层植物群落（图 5-30）。

图 5-30　乔木、灌木、地被组合而成的复合型配置形式

同时，在一个场地之中，要将常绿植物和落叶植物相结合使用，如果全部使用落叶植物，冬季则显得很光秃单调；如果全部使用常绿植物，空间会过于封闭拥堵，氛围显得过于冰冷庄严（图 5-31）。

图 5-31　常绿植物和落叶植物相结合使用

a）常绿植物和落叶植物相结合　b）落叶植物过多，冬季景观效果差　c）常绿植物过多，空间过于封闭

在乔木、灌木、藤本、花卉、地被、草坪相结合的复合型配置形式中，高大的乔木通常作为植物景观的主体框架，即骨干树，营造整体的空间结构，形成树群的天际轮廓线；中小型乔木树姿优美，可以用来烘托氛围，形成视线的焦点；开花灌木的花形、花色视觉效果好，具有锦上添花的效果；低矮灌木群植可以作为背景起到衬托的作用，同时大面积的种植也能够体现整个景观配植的风格。地被植物可以遮挡乔木、灌木的根部，同时也能丰富和弥补单调的草坪。

一般庭院的植物配置要讲究层次，大概分为五个层次，由高到低分别为：第一层为大乔木（7~15m），第二层为小乔木、大灌木（4~5m），第三层为灌木（2~3m），第四层为小灌木、花卉，第五层为草坪、地被。这种搭配方式称之为“五层搭配法”。如果把这些不同类别的植物，按照不同的层次进行配置，则可以营造出丰富美观的植物群落（图 5-32、图 5-33）。

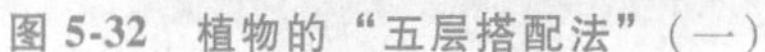

图 5-32 植物的“五层搭配法”（一）

图 5-33 植物的“五层搭配法”（二）

虽然“大乔木+小乔木+大灌木+小灌木+地被或草坪”的五层搭配法，可以形成较为丰富的植物群落和良好的视觉效果，但是有些区域并不具备“五层搭配法”的种植条件，那么也可以根据不同区域的需求酌情进行调整和精简。例如，可以通过简单的乔木层与低矮的地被或草坪结合的两层结构进行搭配，表现出一种简洁、通透的林下空间（图 5-34）；运用乔木、灌木、地被相结合的三层结构，作为场地中典型植物组团的主体形式（图 5-35）；也可以通过乔木、灌木、地被多层配置的四层结构，形成高低错落、色彩多变的植物景观（图 5-36）。

图 5-34 植物的两层结构

图 5-35 植物的三层结构

另外，在植物品种的选择上，以当地的乡土树种为主，适度使用已经引种成功的外来树种。在植物种类的选择上，不宜繁多，但同时也应避免过于单调，要根据场地的面积和需求来达到一种平衡，从而营造多样统一的效果。在植物色彩的选择上，要在整体上统一基本的色彩基调，然后在其基础之上，再有所变化，例如，要在局部重点区域点缀一些树种体形优美、色彩鲜艳、季相变化丰富的植物，力求营造出“春有花、夏有荫、秋有果、冬有绿、四季有景”的植物群落。在植物配置的形式上，除了需要进行规则式种植形式之外，尽量避免在平面上运用等距、在立面上运用等高的栽植方式，可采用孤植、对植、丛植、群植等配置形式，模拟出自然界植物群落的植栽方式。

a)

b)

图 5-36　植物的四层结构

a）乔木+灌木+地被+草坪　b）大乔木+小乔木+地被+草坪

5.2　铺地

5.2.1　铺地的功能

私家庭院中的硬景设计除了园林构筑物之外，还有占地面积较大、使用频率高的区域，即铺地区域。从平面上俯视看，铺地是主要的视觉源，经过仔细推敲和设计的铺地可以增强装饰效果，将建筑与庭院环境有机结合在一起。

1. 交通功能

铺地最基本的就是交通功能，主要表现在安全性、导向性、空间划分三个方面。安全性是指其能够提供坚实、耐磨、抗滑的路面，保证车辆和行人安全、舒适地通行。导向性指的是它可以通过铺地的铺砌图案和颜色的变化，给人以方向感和方位感。空间划分是指其能够采用不同的材质，对不同的区域进行划分，进而加强空间的识别性（图 5-37）。

2. 承载功能

作为进行各种活动的场地，铺地为人们的交往、休息提供空间，满足户外活动的需求。不同的功能区域要选用适宜的铺地材料，例如，作为观赏、休息和陈列用地，铺地材料的选用不宜过于艳丽花哨，尺度不宜过大，注重营造自然、幽静的气氛。如果是人群较为集中、活动形式较为多样化的场地，则宜采用坚实、平坦、防滑的铺地，不宜使用表面过于凹凸不平的材料。再如在儿童活动区内，则应该使用一些质地较软的材质作为活动场地的铺地，如橡胶、沙子、木屑等。另外，可以根据不同年龄段儿童的行为习惯和活动方式，适当对铺地材料加以区分，铺地的变化一方面有效地建立了空间之间的分隔，减少彼此间的干扰，另一方面质地柔软的材质更能保证孩子的安全。

a)

b)

图 5-37 采用三种不同的铺地材质将庭院分为三个区域

a）平面图 b）轴测图

3. 景观功能

铺地除了具有交通、承载等基本使用功能外，还可满足人们深层次的需求，为创造优良的景观环境而发挥重要作用。例如，人们会通过铺地的品质和层次，来感知和认识不同场地的格调和品质。它与建筑、园林风格是否一致，也直接影响整体景观效果。

5.2.2 铺地的要素

1. 色彩

如果场地中铺地面积较大时，其对整个气氛的营造将会产生很大的影响。通常，在铺地的色彩选用上，不宜太鲜艳，也不宜太沉闷，要与建筑的色彩相匹配一致。例如，大面积的主体空间是一种颜色，则可以选用另一种颜色的铺地作为收边，也可以起到主次分明的效果。

2. 形式

铺地的形式应与周围环境的氛围和布局相协调，例如，可以在出入口或者庭院的重要景观节点位置，设置多样化的图案，从而起到提示、引导、视线聚焦的作用，而在其他大面积的区域尽量选用统一简洁的形式。

3. 尺度

铺地的尺度要与所在的空间大小成比例。小尺度稠密的铺地会给人肌理细腻的质感，而大尺度铺地则体现整体大气之感。

4. 质感

不同质感和肌理的铺地表面会给人不同的感受，在设计较大空间时，应该选用面层平坦、质地厚实、线条明朗的材料，如花岗岩、混凝土等；而较小的次要空间则适宜选用精致细腻的材质，如砖、木材、卵石等。

5.2.3　铺地材料的分类

石材是一种包含广泛类型与形状的铺地材料，在私家庭院中常用的石材有花岗岩、砾石、河卵石等。

1）花岗岩是室外空间最常用的一种路面铺地材料，具有良好的装饰性和观赏性。花岗岩属于天然石材，具有硬度高、耐磨损、耐风化、颜色美观等特点，是良好的地面铺地用材。由于其质地坚硬、耐磨性强，因此适用于大面积、人流量较大的活动场地（图 5-38）。

图 5-38　花岗岩在不同空间内的使用

2）砾石属于不使用黏合剂固定的疏松材料，因此必须铺在有边界围合的固定区域内，它的特点在于能够营造曲线和不规则形状区域，塑造各种类型的地面形式，且透水性较强，最大程度减少地表径流（图 5-39）。

3）河卵石表面圆润光滑，适用于自然水体底部、次级道路或景观小径、健身步道，局部区域的装饰等（图 5-40）。

图 5-39 砾石铺地

图 5-40 白色河卵石在步道上的装饰

板岩是具有板状构造的一种变质岩，因构成成分不同，可细分为文化石、条石、砂岩、片岩、火山岩、页岩等。板岩由于耐气候、耐污染，颜色、形态、质感丰富多样，所以经常用于各种园林设计之中。例如，铺设路面、屋顶、挡土墙、景墙、建筑外墙、装点泳池周边等区域（图 5-41）。

图 5-41 板岩铺设的路面

砖的材质具有亲和力，能够打造温馨的氛围，比较适合用在庭院之中，可做道路铺地，也可作为道路的收边处理。砖的种类很多，如红砖、青砖、烧结砖、透水砖、水泥砖等。在景观步道中常用的包括烧结砖、透水砖、水泥砖三种。青砖、红砖主要用在中式、新中式的景观项目中，可作步道，也可用于景墙、树池、挡土墙等区域。

砖作为景观道路路面使用时，能够构建具有亲和力和质感的空间，适用于小尺度的场地中。如果别墅建筑材料使用的是砖，也可将其延续使用到院落的铺地上，形成视觉上的整体感和统一感。

由于砖的尺寸较小，在铺地图案的拼砌与处理时较为灵活，适用于矩形或者圆形路面区域。然而，由于砖规格统一，不适合进行切割处理，因此尽量避免铺在不规则的区域或者弯曲边缘（图 5-42）。

图 5-42　砖用于铺地、台阶、树池等区域

木材是极具灵活性的模块化材料，它可以随意地染成各种颜色，或维持原色。此外，木质铺地是天然产品，与坚硬冰冷的其他材料相比，给人以柔和、亲切的感受，而且它可以在任何空间中使用。例如，除了作为铺地材料之外，还常用于木平台、木栈道、廊架、景观亭、座椅等（图 5-43）。

图 5-43　木质的座椅和景观构筑物

混凝土的优点在于造价低廉、铺设简单、可塑性强，可制成各种形状，适用于大多数空间以及形态复杂的区域，例如，各种弧形、曲线型、不规则形状的区域。混凝土的缺点在于颜色比较单调，而且一旦铺设就很难移动。混凝土不仅可以现场浇筑整块的混凝土板或混凝土仿石铺砖，还可以通过一些简单的工艺（如染色技术、喷漆技术、压膜技术等），呈现出多样的图案和纹理。

可回收材料如石材、铺砖、圆木、木屑、瓦片、玻璃（球），废钢材等，此类铺地材料的循环使用，可以增添修旧如旧的历史感，通过多样化的拼砌方式，拼出各种图案，强化景观与自然环境的融合感（图 5-44）。

5.2.4　铺地的铺设方法

庭院地面的铺地形式多种多样，常用的有正铺、工字铺、人字铺、冰裂纹、鱼骨铺、田字铺、步步高铺等。

图 5-44 石材的使用

正铺是将铺地材料的接缝都规整的对齐。正铺的铺法比较简洁统一，施工便利，材料利用率高，但缺少变化和细节。

工字铺是将两行铺地材料之间错开铺设的一种方式。工字铺虽然比正铺多了一些变化，但对缝还是比较工整。

斜拼是将铺地材料按照一定的角度拼贴，比较常用的方式和角度为45°斜拼。斜拼的方式更耐看，装饰性更强，但对材料有一定的损耗。

人字铺是将两块砖按照“人”字的形状进行拼贴，是传统私家庭院中最常用的一种铺地形式。它的纹理感强，装饰性好，富于变化，但施工复杂。

冰裂纹是仿照冰块自然龟裂的纹理进行拼贴的一种方式，也是一种传统的庭院铺砌样式。这种铺地形式纹理比较耐看美观，装饰性较强，但比较耗费材料，且施工烦琐。冰裂纹的铺地适合追求自然与田园风格类型的庭院（图 5-45）。

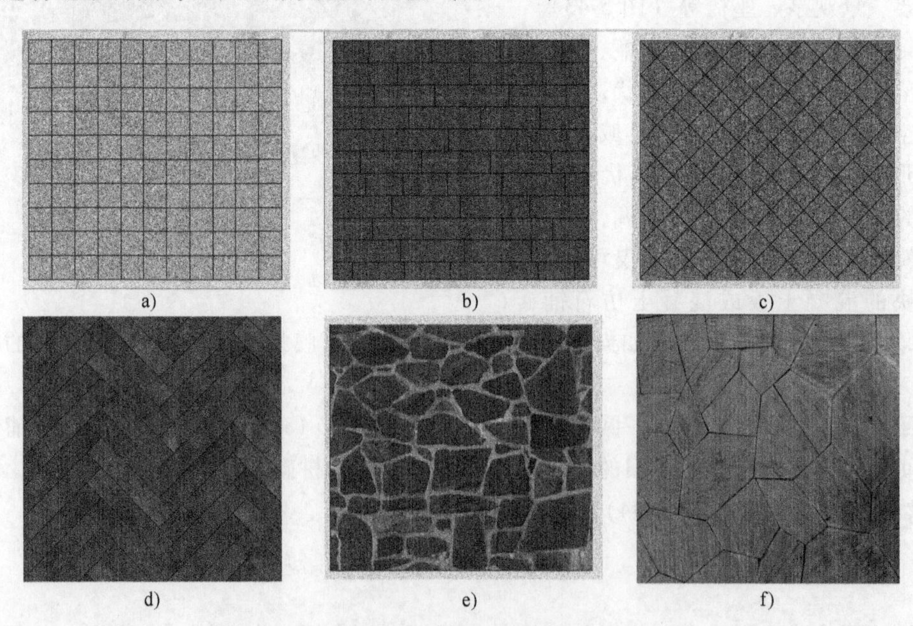

图 5-45 庭院地面的基础铺地形式

a）正铺 b）工字铺 c）斜铺 d）人字铺 e）冰裂纹 f）冰裂纹

上述铺法是运用尺寸、形状、颜色都一致的同一种铺地材料（冰裂纹除外），是最基础和简单的铺地设计。这种铺地形式适用的范围和优势：首先，当庭院面积较大，具有多个子空间或边缘性空间时，这种铺法能够增强整个院落空间的统一性；其次，当设计元素较多时，简洁的铺地形式可以增强元素之间的连接关系，为其构建一个比较简单的背景；最后，这种铺地的形式，施工简单、成本较低、便于后期维护。

此外，为了增加铺地形式的多样性或营造视觉的焦点，还可以在基本的铺法基础之上进行一定的演变，即在不破坏统一的前提下进行各种各样的变化。例如，在保持同一种材质不变的情况下，可以通过改变材质的大小、形状、颜色、质感、方向等方式，来营造多样化的铺地形式（图 5-46）。再如，在同一块场地内运用不同种类的材料进行组合设计，从而发挥每种材料的最佳功能特性，使其建立一种最优化的组合方式。如图 5-47 所示铺地形式能够创造视觉的兴趣点，强化重点区域的吸引力，尤其是在没有园林构筑物等设计要素的空间内，这种极具图案设计的铺地形式会让场地显得不那么乏味和空旷。此外，不同形式的组合方式能够在同一铺设区域内，营造多个子空间或具有不同功能的使用区域。

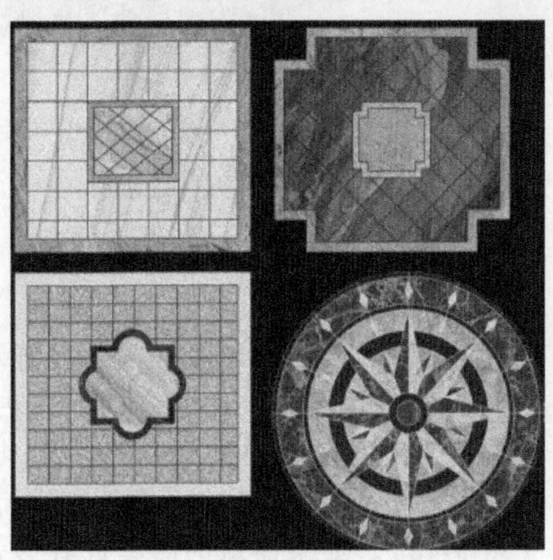

图 5-46　庭院的铺地形式

a)

b)

图 5-47 采用三种不同形式和材质的组合将前院划分为三个子空间

a）平面图 b）轴测图

虽然铺地设计具有千变万化的组合方式，但是在进行铺设时却要遵循一定的设计原则，并应该根据总体设计有选择性地加以使用。如庭院内铺装的形式要整体上具有统一性，以一种材料为主，然后在局部空间进行一些变化，该变化可以是铺地材料上的变化，也可以是同一种材料通过不同形式的组合进行变化，实现达到“统一中求变化”的设计原则（图 5-48）。如果铺地的图案或者形式过多，则会造成视觉上的杂乱无序。

a)

b)

图 5-48　前院空间以花岗岩材料为主进行组合变化
a）平面图　b）轴测图

■ 5.3　园林构筑物

园林构筑物是指那些具有三维空间的构筑要素，这些构筑物能在由地形、植物以及建筑物等共同构成的较大空间范围内，完成特殊的功能。园林构筑物具有稳定、持久、坚固的性能，包括台阶与坡道、围墙与挡土墙、廊架与凉亭等。

5.3.1　台阶与坡道

在别墅庭院中，除了较为平整的场地以外，也会存在一定高差的变化，两个不同高度的场地之间的衔接，可以通过设置台阶或者坡道的形式，来完成从一个高度到另一个高度的连接。

台阶的特点：一方面，其由一系列水平面构成，在出现水平高度变化时，也可以保证人的平衡感；另一方面，在连接两个不同高度的场地时，其所需要的水平距离较短，也就是比较节约空间，适用于一些拥挤、狭窄的空间内。其缺点：使用人群局限性较强，年老体弱的老人、学步的儿童以及推婴儿车的家长、坐轮椅的残疾人都难以使用。

坡道作为在地面上进行高度转化的另一种形式，其优点：适用于任何人群和交通工具，这也是无障碍区域使用坡道的原因。但是，其问题在于为了取得稳定适宜的斜面，则需要比台阶更长的水平距离来保持较为平缓的坡度变化，因此所需要的空间要比台阶的更大（图 5-49）。

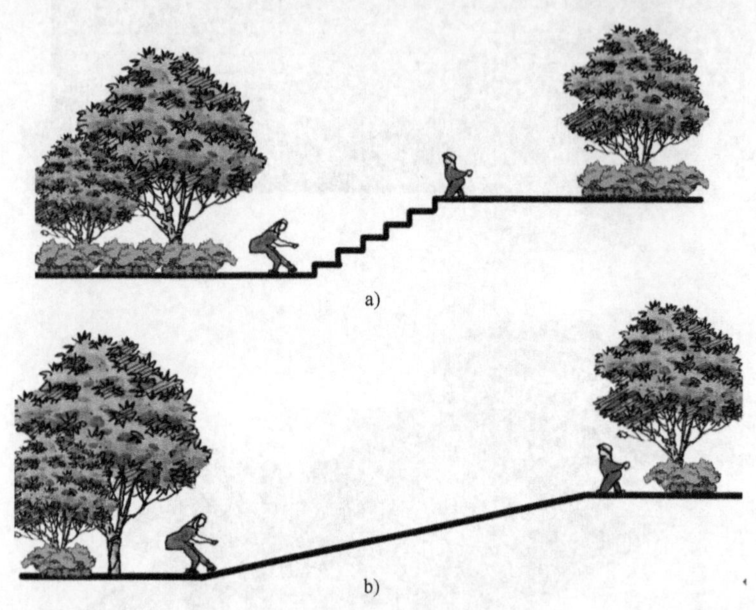

图 5-49　高差均为 1m 的台阶和坡道

a）台阶　b）坡道

台阶和坡道除了具有建立两个不同高度场地之间的衔接功能以外，还能以暗示的方式将两个相邻区域进行空间的分隔，空间之间的高差越大，空间的分离感就越强（图 5-50）。

图 5-50　高差越大空间的分离感越强

此外，台阶还可以同植物、铺装和墙体相结合设计，进而能够提供目标引导或者在道路的尽头作为景观的焦点（图 5-51）。

图 5-51　台阶与植物的空间组织形式

5.3.2　围墙与挡土墙

墙在私家别墅庭院中常用的形式有围墙与挡土墙。挡土墙是为了加固或支撑斜坡或较高的地面砌筑而成，常用的材料包括混凝土、砖、石材、钢板、木材等，其可以被看成是场地高差的一部分（图 5-52）。

图 5-52　挡土墙与地形的结合

围墙是独立于地面以外的墙体，它在景观设计中具有较多的功能，例如，界定边界、围合空间、视线遮挡、提供私密性、引导视线、组景等作用。同时，围墙还可以整合分散的元素，使它们之间建立视觉的统一性（图 5-53）。还可以与设计主题协作，在平面布局时，完善和强化整体平面构图，同时在竖向空间上提供视觉的趣味性（图 5-54）。

不同高度的围墙，不仅具有空间分隔的功能，同时还具有许多隐形和自发的功能。例如，高度 1.6~2.4m 左右的围墙，私密性较强，适用于作为院落的围墙或者两处需要完全独立分隔的空间（图 5-55）；高度 0.8~1.6m 左右的围墙，具有半私密的围合作用，适用于那些需要分隔但却不隐蔽的空间，该高度的围墙，也可作为置物架使用（图 5-56）；高度低于 0.8m 的围墙，则不具备私密性，适合弱分隔的空间，同时围墙也可作为座椅（图 5-57）。

图 5-53　围墙栏杆等线性要素整合分散的元素

a）两侧的植物间缺乏联系　b）运用栏杆建立植物间的联系

图 5-54　围墙的布局方式与设计主题一致

a）围墙形式契合矩形设计主题　b）围墙形式契合多元的设计主题

图 5-55　围墙的私密性较强

图 5-56　围墙营造分隔但却不隐蔽的空间

图 5-57　围墙营造开敞通透的空间

5.3.3　廊架与凉亭

廊架与凉亭是构成庭院环境景观的重要元素，对室外空间的塑造所发挥的作用，同建筑内部的屋顶功能相似，为使用者提供遮阳避雨、休息交谈的场所，同时也是划分室外空间格局的重要元素。

廊架与凉亭的高度和开敞的形式，能够使空间的开合程度产生直接的影响（图 5-58），左侧的凉亭内部营造了比较封闭的空间，中间区域的廊架空间变得相对开敞，空间也随之变大，图 5-58 中右侧由于没有棚架结构在顶面的遮蔽，空间及视野最为开阔。

图 5-58　廊架与凉亭营造开敞或封闭的空间

廊架作为庭院景观中带状的构图元素，可以通过与建筑、亭子一起组成丰富多变的建筑群体（图 5-59）。它不仅可以建立空间之间的联系，而且其空灵活泼、多元化的形式增加了景致的层次感，丰富了庭院景观内容。

图 5-59　蜿蜒曲折的廊架与凉亭的组合

廊在平面形式上进行区分，可以分为直廊、曲廊、抄手廊等，在庭院平面布局上，可以根据场地的平面构图和空间格局，设计出与场地形态一致的廊的形式。例如，矩形设计主题中应该选用规整的直廊，而曲线形设计主题中则应该把廊设计成蜿蜒变化的曲廊，从而丰富内部空间层次，增加景致的深远感。

另外，廊架不仅能够独立使用，它还可以同景墙一起，在顶面和垂直面进行空间的围合与限定，从而营造开敞或私密的遮蔽空间（图 5-60～图 5-62）。

图 5-60　廊架与景墙的结合：提供座椅与照明

凉亭是庭院设计较为常用的一种园林构筑物，从造景的角度来说，其具有主导整个庭院空间格局的作用，同时也是视觉的焦点（图 5-63）。因此要慎重的选择亭子在整个场地中的位置以及设计风格。从使用的角度来说，需要考虑其使用频率和功能性，例如，夏季在纳凉遮阴、聚餐休息时，它的使用频率最高，那么就要考虑亭内供多少人使用、尺度的大小、与相邻场地高度的处理形式等问题。

图 5-61 廊架与景墙的结合：悬挂植物，提供座椅

图 5-62 廊架与景墙的结合：悬挂秋千作为装饰物

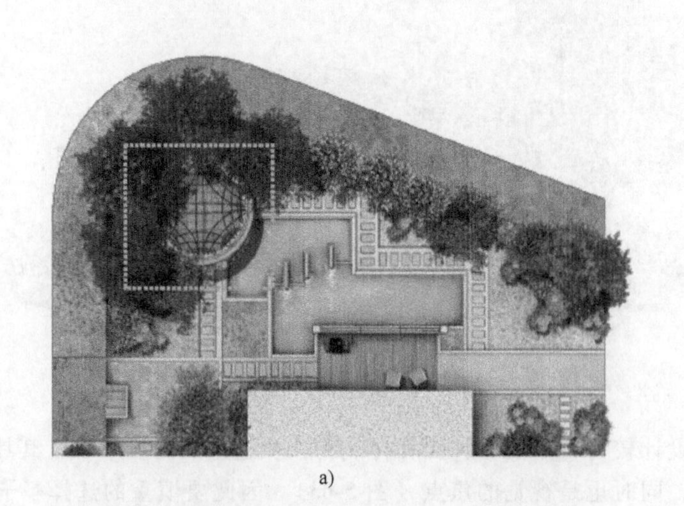

a)

图 5-63 通常作为庭院景观的视觉焦点的凉亭

a）平面图

b)

图 5-63　通常作为庭院景观的视觉焦点的凉亭（续）

b）轴测图

总之，台阶、坡道、围墙、挡土墙、廊架、凉亭等设计元素，都能够增加庭院的空间特性与价值，这些方面的考量，能够突出空间的特点。同空间组织要素如建筑、地形、植物相比较，这些园林构筑物的体量和规模较小，但是其在增加和完善庭院环境的细节处理以及竖向空间营造方面，却能发挥重要的功能，是设计过程中不可或缺的环节。

5.4　水体

5.4.1　水景的作用

水景是庭院景观设计中的主要元素之一。水景可以表现出开阔、壮丽、灵动等不同的感受。水景在庭院景观设计中具有重要的作用：首先，水景虚无的形态弱化了空间的界限，延展了空间的范围；然后，水景的形态具有划分空间、暗示和引导空间的作用；最后，多样化的形态具有充分的可塑性，可根据各种需求构成三维立体空间，丰富空间的层次感和竖向设计。

5.4.2　水景的类型及表现形式

水景的类型可以分为自然型和规则型两种。

1）自然型水景以追求自然为美，同时结合人工的提炼加工。私家庭院里的水景主要是人工模仿自然制造的水景，水景轮廓较为自由随意，能给人轻松活泼的感觉（图 5-64）。

图 5-64 自然型水景活跃空间氛围

2）规则型水景就是把水的形式处理成各种几何规则的形状，如圆形、方形、椭圆形、三角形、梯形等形态。规则型具有简练、大气的效果，能把几何轮廓的力度美和水体的柔美统一起来。规则型水景具有现代气息，容易与其他景观元素相结合。由于规则型水景的形态和面积局限性较小，因此比较适合应用于庭院之中（图 5-65）。

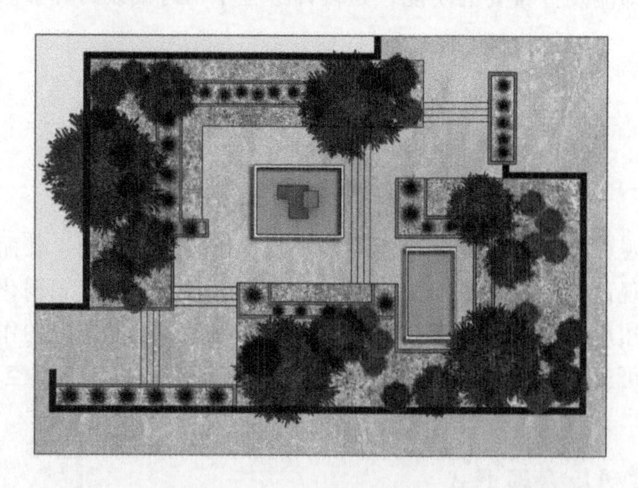

图 5-65 规则型水景与矩形设计主题相统一呼应

水景按水势的不同，又可分为静水和动水。静水是指水面平静、无明显流动感的水体。它适用于地形平坦、无明显高差变化的空间里，具有柔美、静逸之感。动水是指有显著动感的水体，又可细分为流动型、跌落型和喷涌型水体，如流水、跌水、喷泉等。动水有活泼、灵动之感，在私家庭院里常与静水一起使用，起到点缀、衬托、渲染的作用。

5.4.3　水景的设计原则

在进行水景设计时，应注意水景的多元化的功能需求；水景形式要丰富美观；不同水域之间应尽量连通、循环，忌死水；水景设计应该与地面排水相结合；注意在北方地区，应该考虑冬季水景的处理和景观效果；注重水景与灯光的配合；加强水景与其他景观元素的结合，丰富环境的多样性；对不同类型的水景要进行多样化的驳岸处理。

■ 习题

1. 植物按照不同类别可分为（　　）。(多选题)

A. 乔木　　B. 灌木　　C. 地被　　D. 藤本

2. 如果要营造隧道式的覆盖空间，即秩序感和方向感较强且具有视线导引的空间，可以利用（　　）构成顶部覆盖、四周开敞的空间。

A. 树冠浓密的乔木　　B. 高大的灌木

C. 密集的地被植物　　D. 低矮的花卉植物

3. 植物可以作为空间限定的元素，通过独立或与其他设计元素相结合的方式，营造多种不同类型的室外空间。例如，植物与建筑的结合，可以通过（　　）空间的方式来完善建筑的空间范围和布局方式。(多选题)

A. 围合　　B. 连接　　C. 分隔

4.（　　）可以在平面构图和竖向空间上，弱化建筑和硬质铺装地面的边角位置，将生硬冰冷的边界处的棱角进行软化。

A. 植物　　B. 水体

5. 植物配置形式主要有（　　）。(多选题)

A. 自然式　　B. 规则式　　C. 混合式

6. 如图 5-66 所示，下列哪种自由式的配置形式，（　　）不符合艺术构图规律。

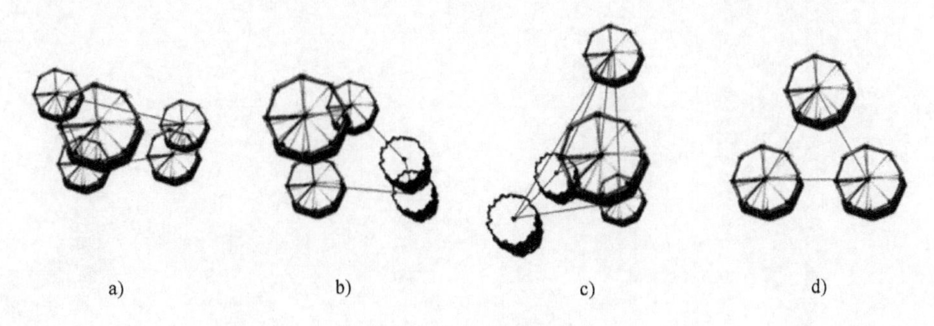

图 5-66　植物的配置形式

A. 图 5-66a　　B. 图 5-66b　　C. 图 5-66c　　D. 图 5-66d

7. 五层搭配法是在（　　）设计基础上，将乔木、灌木、藤本、花卉、地被、草坪，按照不同的层次进行配置，从而构建出稳定有序的多种类型的复层植物群落。

A. 平面　　　　　　　　　　B. 立面

8. 铺地的交通功能表现在（　　）。(多选题)

A. 为人们提供坚实、耐磨、抗滑的路面

B. 通过铺地图案和颜色的变化，给人以方向感和方位感

C. 采用不同的铺地材质，可以划分不同区域，加强空间的识别性

D. 可以提升场地的品质

9.（　　）是室外空间最常用的一种路面铺地材料，具有良好的装饰性和观赏性，其质地坚硬、耐磨性强，因此适用于大面积的、人流量大的活动场地。

A. 花岗岩　　　B. 板岩　　　C. 砾石　　　D. 木材

10. 为了取得稳定适宜的斜面，（　　）需要比台阶更长的水平距离来保持较为平缓的坡度变化，因此所需要的空间要比台阶更大。

A. 坡道　　　　　　　　　　B. 挡土墙

11. 水体在庭院景观设计中的作用表现在（　　）。(多选题)

A. 水体虚无的形态弱化了空间的界限，延展了空间的范围

B. 水体的形态具有划分空间、暗示和引导空间的作用

C. 多样化的形态具有充分可塑性，可以丰富空间的层次感和竖向设计

D. 可以在顶面进行围合限定，营造私密性的空间

12.（　　）属于不通过黏合剂固定的疏松材料，因此必须铺在有边界围合的固定区域内，其特点在于能够营造曲线和不规则形状区域，塑造各种类型的地面形式，且透水性较强，最大程度的减少地表径流。

A. 花岗岩　　　B. 板岩　　　C. 砾石　　　D. 木材

第 6 章　庭院景观设计项目实训

本章讲述了几个不同类型的别墅庭院案例，分别从概念草图、功能图解、设计主题的确立、形式构成、空间构成几个阶段层层推进，并通过方案图纸以分步骤图解的形式，循序渐进的将方案推导过程呈现出来，旨在系统全面的解析整个方案设计的构思与方案生成的过程。

6.1 项目一

6.1.1 设计目标与内容

1. 为业主提供室外休息和纳凉的凉亭与花架

在东北侧面积最大、场地最规整的区域，设置抬高的平台，放置凉亭、花架、桌椅，该区域作为业主在庭院里最主要的活动场地，是整个庭院的视觉焦点。

2. 为业主提供室外烧烤和家庭就餐空间

在紧邻凉亭的主要场地旁边，设置一处烧烤空间，通过地形的高差和铺地材料的不同，将两个空间进行划分。

3. 为地下一层入口平台处提供有趣的景观焦点

建筑的地下一层出口处有一处平台，空间狭小，缺乏趣味性，所以在此设置了一处水池作为视觉焦点。水池和壁泉的结合使用，不仅具有扩大景深的效果，而且动态的壁泉流水还使局促沉闷的空间灵动起来。

4. 为孩子的娱乐提供开敞的草坪

由于庭院位于北侧，所以场地中段区域阳光比较充裕，因此在此处种植大片的草坪供孩子玩耍。

5. 为老人提供种菜的场所

由于庭院位于北侧，所以场地中段区域阳光比较充裕，适合蔬菜的生长，但是由于菜地的视觉效果较差，所以将其设置在靠边的位置。

6. 为业主提供读书和瑜伽训练的空间

在场地南侧有一棵保留下来的大型银杏树，银杏树属于树姿优美的有色树种，且庇荫效果好，所以在此结合建筑的L形态，设置了一处抬升的木质平台，便于业主在此健身和读书。

7. 营造多层次的植物群落

在北侧靠墙、靠角落的区域，密植了大型乔木和灌木，有效阻挡噪声、保证私密性，同时阻挡西北风。在庭院东北区域邻近中心的位置，营造了乔木、灌木、花卉、地被、草坪相结合的植物群落，因为不论是从建筑内部向窗外望去，还是在凉亭空间停留，该区域都是需要重点进行植物配置设计的区域。

6.1.2 设计主题构成

该项目方案选用了矩形作为主要的设计主题，用于主要的活动场地；而在道路的设置上，则使用了曲线型作为辅助的设计主题。

6.1.3 方案设计的推导与生成过程

首先，根据场地现状情况，以快速、抽象、概括的气泡图的绘制方式来进行功能划分

（图 6-1）。然后，在其基础之上确定一个设计主题，该项目选用了矩形作为主要的设计主题，曲线型作为辅助的第二设计主题（图 6-2）。接着，沿着概念草图里绘制的气泡图大致的边界位置，同时结合和参照网格图层相对应的位置，通过两个图层的叠加，可以清晰绘制每个空间的边界线，根据这种推导的方式，绘制出具体的二维形式构成（图 6-3）。再次，在形式构成的基础上，进行铺地、植物、景观小品等细节的设计，完成最终的平面设计图纸（图 6-4）。最后，在平面图的基础之上，进行竖向空间的设计，包括地形地势的变化、植物的高度与形态、景观构筑物的尺度与形式等（图 6-5）。

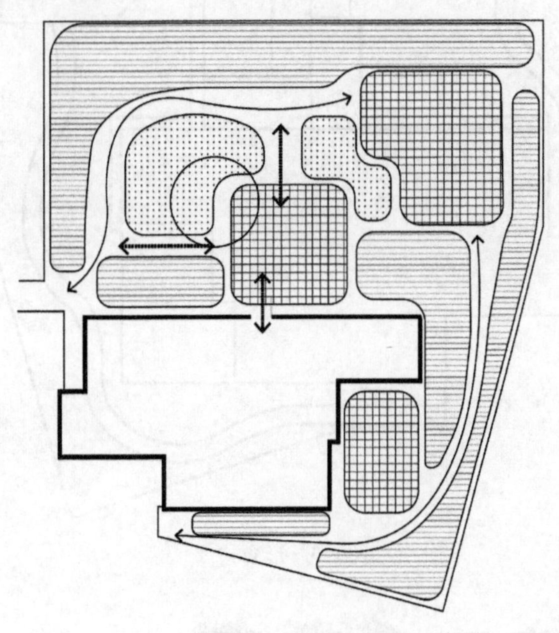

图 6-1　概念方案

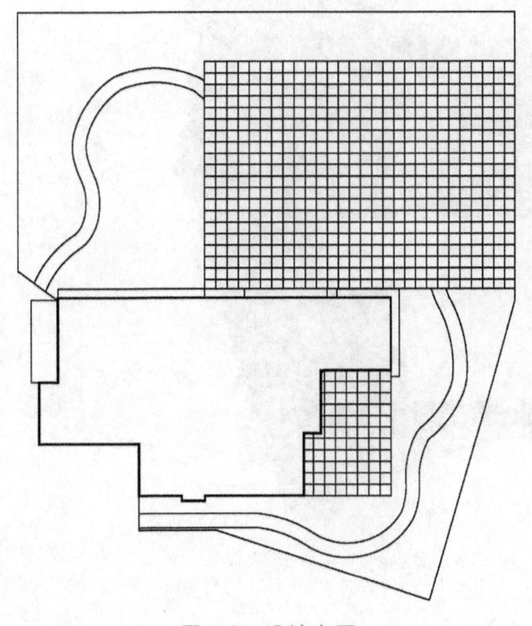

图 6-2　设计主题

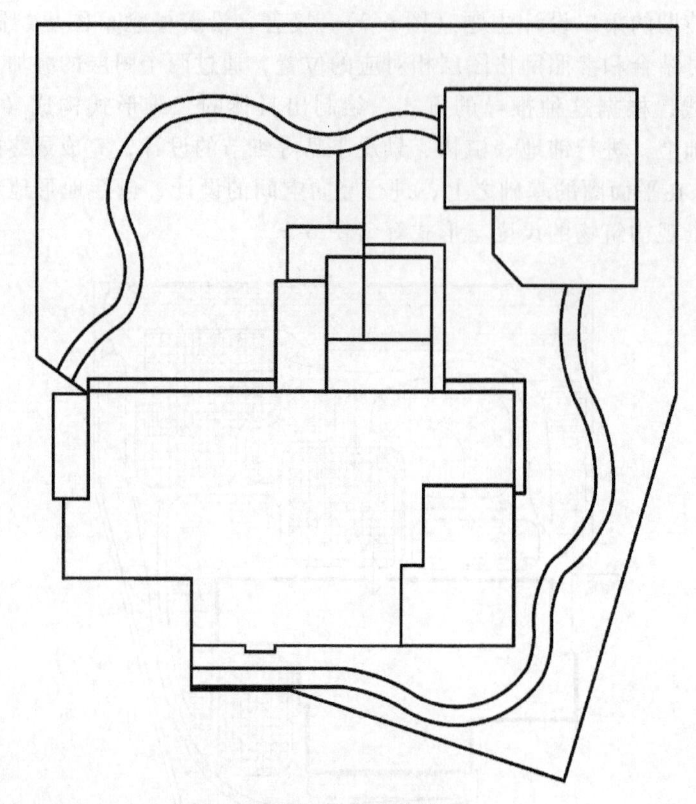

图 6-3　形式构成

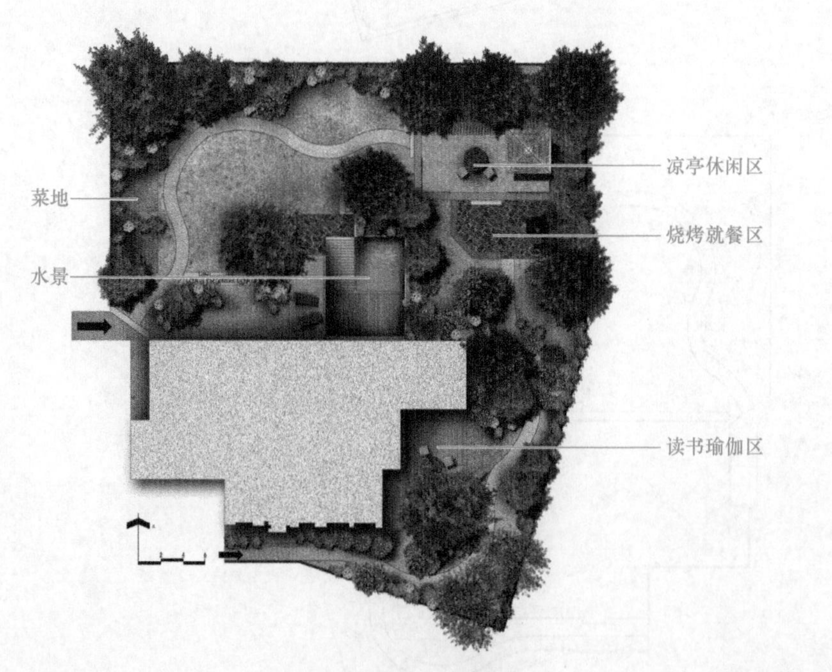

图 6-4　最终的平面方案

最终的平面方案（彩图）

图 6-5　空间构成

空间构成（彩图）

6.2　项目二

6.2.1　设计目标与内容

1. 为业主提供室外凉亭

在东南角处设置凉亭，与周边的大型乔木一起营造遮阴的空间。该区域作为庭院里主要的纳凉场所，同时是整个庭院的视觉焦点。

2. 场地高差的处理

建筑与庭院之间有 1.2m 的高差，因此在规划时结合了建筑本身的 45°和 90°的布局形式设计了较大面积的平台，在多个角度设置的层层台阶也形成了场地的一处重要景观。

3. 提供室外聚会、就餐空间

在室外台阶上方的平台上，紧邻室内厨房的位置设置了就餐区，便于主人的取餐与送餐，就餐区域种植了一棵大型乔木，为人们在此停留聊天提供遮阴场所。

4. 提供开敞的草坪

在庭院的南北两侧，均设置了大面积开敞的草坪，供业主在此休闲娱乐。

5. 人车分流

西侧为车行道，因此将停车位设置在庭院的西侧，而北侧则仅作为人行通道使用，所以在道路与建筑之间设置了开敞的硬质铺装地面，便于业主在此迎来送往、短暂停留。

6.2.2　设计主题构成

该项目方案选用了 45°斜线作为主要的设计主题，用于主要的活动场地；而在植物边界的设置上，则使用了矩形与曲线作为辅助的设计主题。

6.2.3 方案设计的推导与生成过程

首先，根据场地现状情况，以快速、抽象、概括的气泡图的绘制方式来进行功能划分（图 6-6）。然后，在其基础之上确定一个设计主题，该项目选用了斜线作为主要的设计主题，矩形与曲线作为辅助的第二设计主题（图 6-7）。接着，沿着概念草图里绘制的气泡图大致的边界位置，同时结合和参照网格图层相对应的位置，通过两个图层的叠加，可以清晰绘制每个空间的边界线，根据这种推导的方式，绘制出具体的二维形式构成（图 6-8）。再次，在形式构成的基础上，进行铺地、植物、景观小品等细节的设计，完成最终的平面设计图纸（图 6-9）。最后，在平面图的基础之上，进行竖向空间的设计，包括地形地势的变化、植物的高度与形态、景观构筑物的尺度与形式等（图 6-10）。

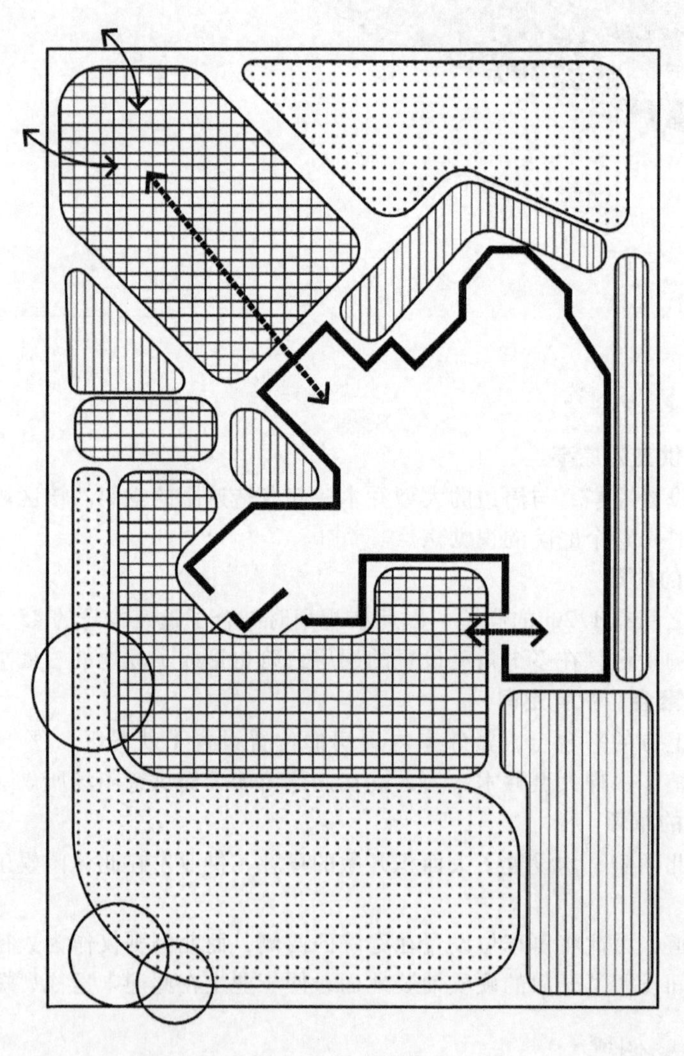

图 6-6 概念方案

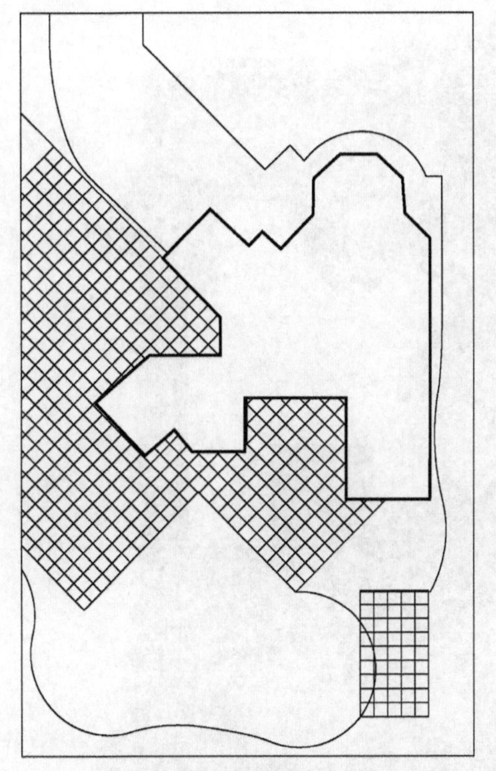

图 6-7　设计主题

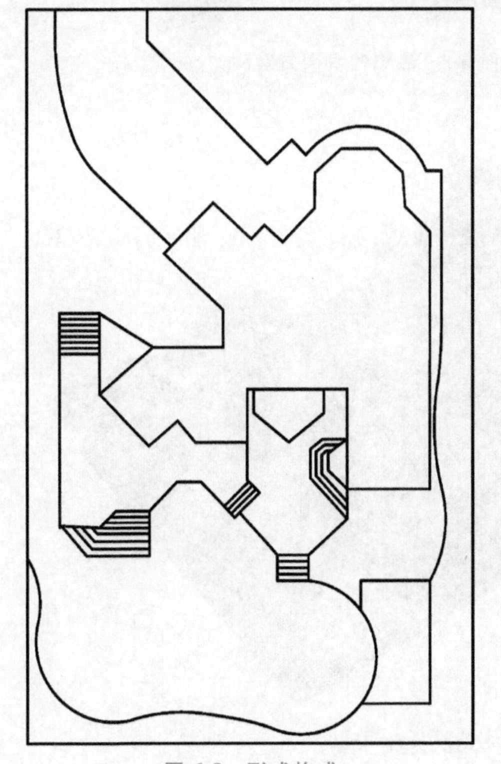

图 6-8　形式构成

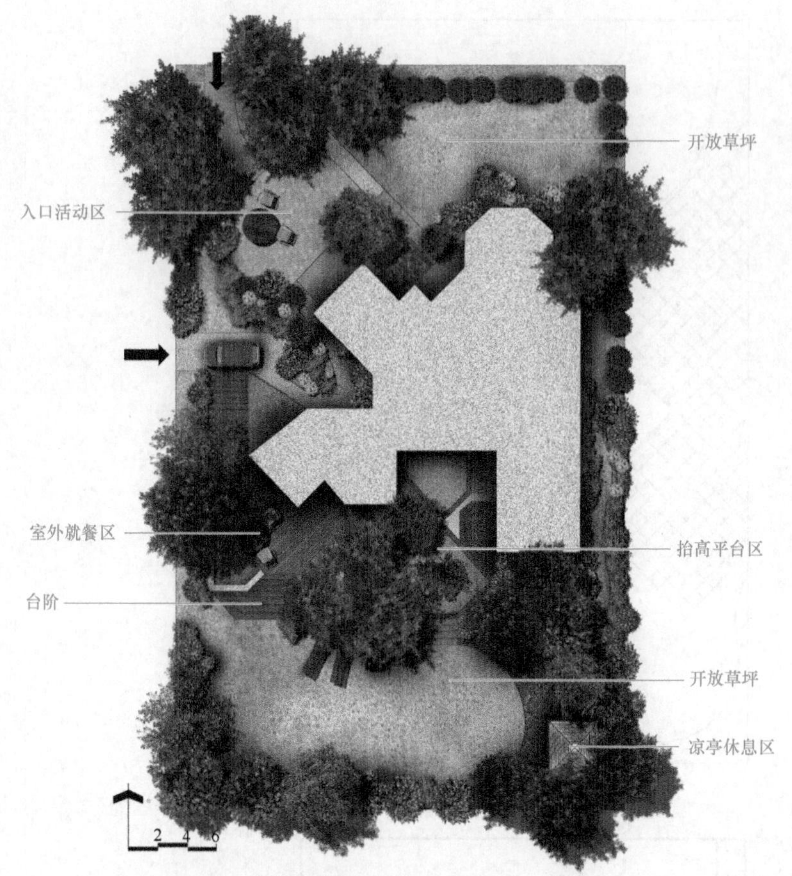

图 6-9　最终的平面方案

最终的平面方案（彩图）

图 6-10　空间构成

空间构成（彩图）

6.3　项目三

6.3.1　设计目标与内容

1. 前院

在车行道两侧设置了标高一致但铺装形式不同的人行道，解决了在车门开启时空间过于局促的问题，从而解决了业主在上、下车时不方便的问题。

前院有一棵保留下来的大型乔木，遮阴效果良好，一方面，围绕该乔木在邻近道路的区域，设置了大面积的草坪，供人们在此游戏和娱乐；另一方面，在邻近建筑入口区域，设置了入户道路、缓冲平台和休息座椅。

运用多层植物群落造景的方式，将前院的三个区域（即车库入口区域、建筑入户区域、草坪活动区域）进行视线上的分隔，同时为走在入口位置的人们，提供良好的视觉效果。

2. 侧院

沿房屋西侧围墙的位置，种植一排遮阴树，防止夏季日晒。房屋东侧有一个次入口，因此该区域设置了通往前、后院的道路，并在出入口区域加宽道路，从而形成缓冲空间。

3. 后院

左侧邻近厨房的位置设置木质平台，作为户外就餐区域，同时设置 L 形座椅，一方面增加休息落坐空间，另一方面也起到了围合界定就餐区域的作用。

中间区域设置大面积平坦宽敞的硬质铺地，右侧设置一片菜地，两块场地中间用低矮的灌木带进行空间的划分。

后院中心区域设置大片草坪，供人们活动，同时在草坪东侧设置一处硬质铺装场地，供人们休息落坐。

后院在植物配置上，沿地界线种植大量植物，构成视线屏障和空间的围合，常绿树种植在西北侧，一方面阻挡冬季的西北风，另一方面能遮挡西侧邻居二层平台的视线。此外，观赏树种植在后院中间区域，为几个主要的活动场地提供遮阴，同时也构成了良好的视觉焦点。

6.3.2　设计主题构成

该项目方案选用了矩形作为主要的设计主题，用于主要的活动场地；而在植物边界的设置上，则使用了圆弧与切线作为辅助的设计主题。

6.3.3　方案设计的推导与生成过程

首先，根据场地现状情况，以快速、抽象、概括的气泡图的绘制方式来进行功能划分（图 6-11）。然后，在其基础之上确定一个设计主题，该项目选用了矩形作为主要的设计主题，圆弧与切线作为辅助的第二设计主题（图 6-12）。接着，沿着概念草图里绘制的气泡图大致的边界位置，同时结合和参照网格图层相对应的位置，通过两个图层的叠加，可以清晰绘制出每个空间的边界线，根据这种推导的方式，绘制出具体的二维形式构成（图 6-13）。再次，在形式构成的基础上，进行铺地、植物、景观小品等细节的设计，就完成最终的平面设计图纸了（图 6-14）。最后，在平面图的基础之上，进行竖向空间的设计，包括植物的高度与形态、景观构筑物与景观小品的尺度与形式等（图 6-15）。

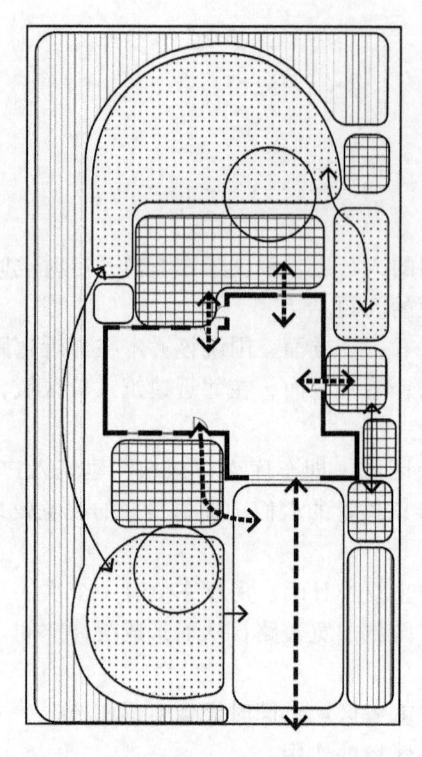
图 6-11　概念方案

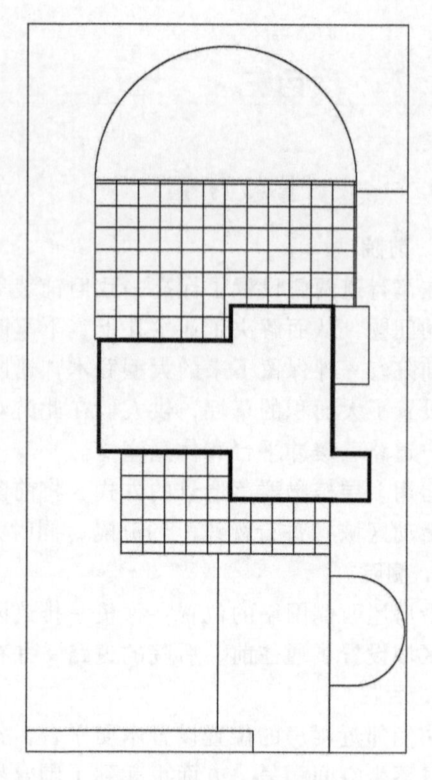
图 6-12　设计主题

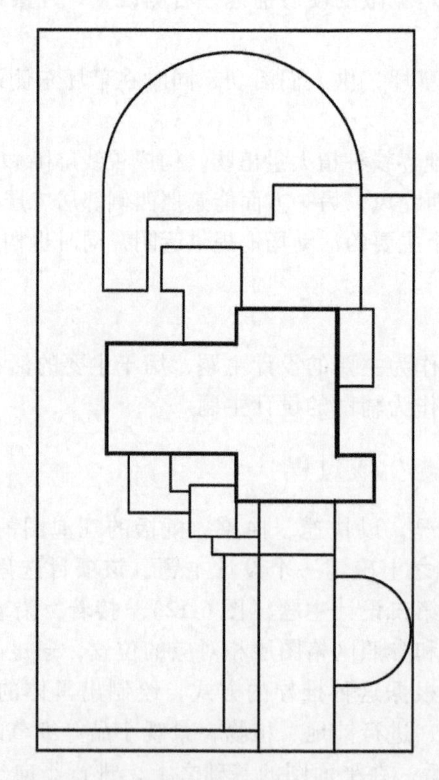
图 6-13　形式构成

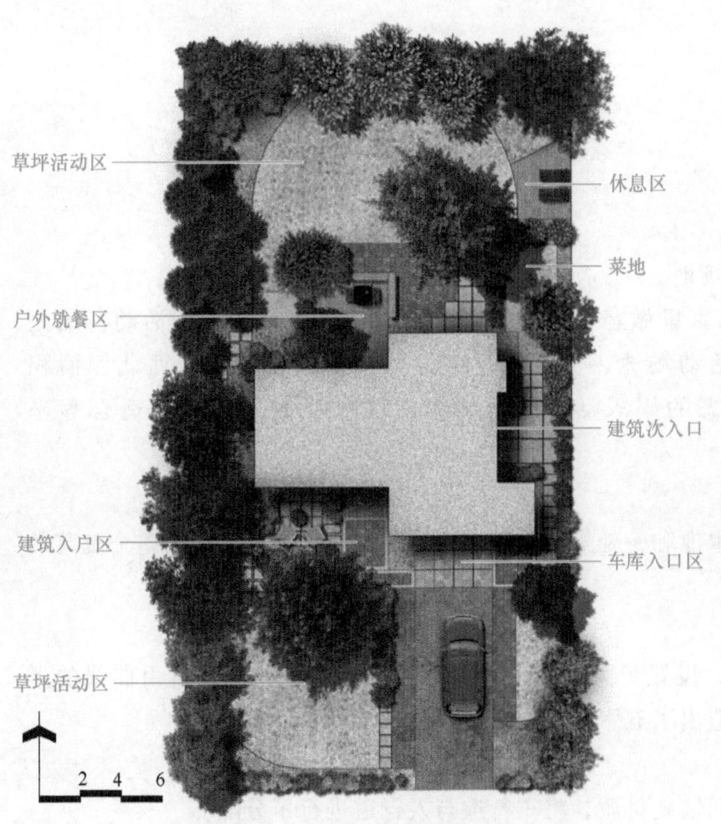

图 6-14 最终的平面方案

最终的平面方案（彩图）

图 6-15 空间构成

空间构成（彩图）

■ 6.4 项目四

6.4.1 设计目标与内容

1. 提供较大空间的硬质活动场地

由于业主通常会邀请朋友来家里做客，而且会在室外进行多种休闲娱乐活动，因此在庭院里设置了大面积的硬质活动场地，从而满足多人共同使用的需求。西北侧面积最为规整，面积较大，适合动态的娱乐活动；西侧中间区域设置了躺椅，适合静坐聊天。

2. 设置观景水池

在场地的西南侧设置了两处水池和一处景墙，四周由丰富的植物环绕，成为整个院落的景观焦点。

3. 设置草坪和花卉区

东南侧正对着建筑入口位置，设置了大块的草坪，而在东边的侧院则以自由曲线的形式，种植了不同品种的花卉，打造出了五彩缤纷的“微花园”。

4. 人车分流

在庭院入口处，通过两种不同铺装材质，将车行道与人行道进行了分隔。

6.4.2 设计主题构成

该项目方案选用了矩形作为主要的设计主题，用于主要的活动场地；在建筑西南角的水池设置方面，使用了45°斜线作为辅助的设计主题，而在建筑东侧的花卉种植区，则使用了曲线型作为另一个辅助的设计主题。

6.4.3 方案设计的推导与生成过程

首先，根据场地现状情况，以快速、抽象、概括的气泡图的绘制方式来进行功能划分（图6-16）。然后，在其基础之上确定一个设计主题，该项目选用了矩形作为主要的设计主题，斜线与曲线作为辅助的第二设计主题（图6-17）。接着，沿着概念草图里绘制的气泡图大致的边界位置，同时结合和参照网格图层相对应的位置，通过两个图层的叠加，可以清晰绘制每个空间的边界线，根据这种推导的方式，绘制出具体的二维形式构成（图6-18）。再次，在形式构成的基础上，进行铺地、植物、景观小品等细节的设计，完成最终的平面设计图纸（图6-19）。最后，在平面图的基础之上，进行竖向空间的设计，包括水池、景墙、植物种植池、室外桌椅的尺度与形式等（图6-20）。

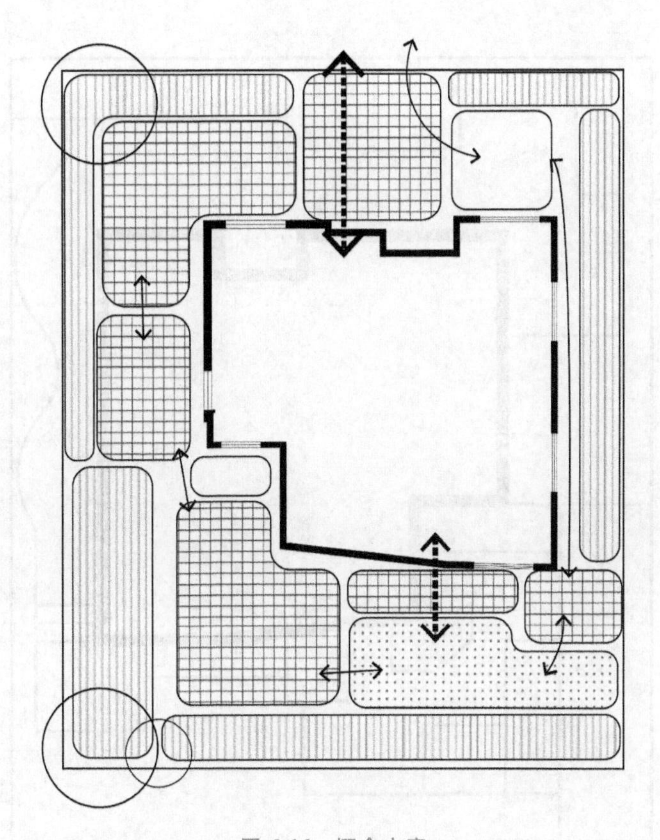

图 6-16　概念方案

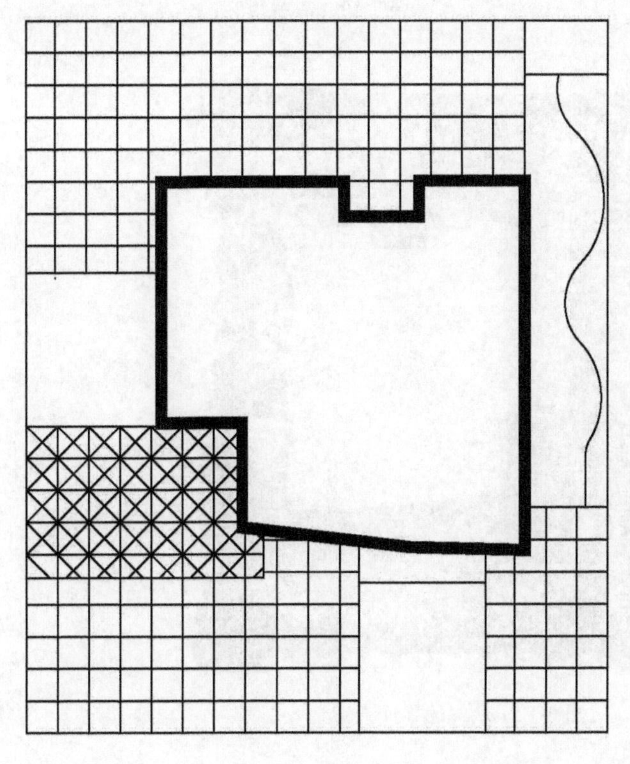

图 6-17　设计主题

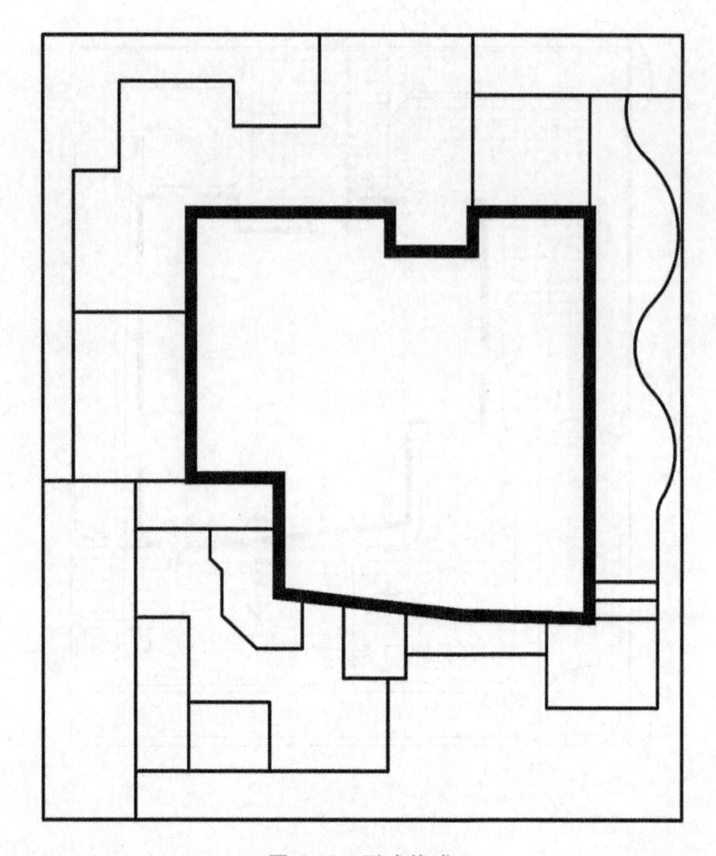

图 6-18　形式构成

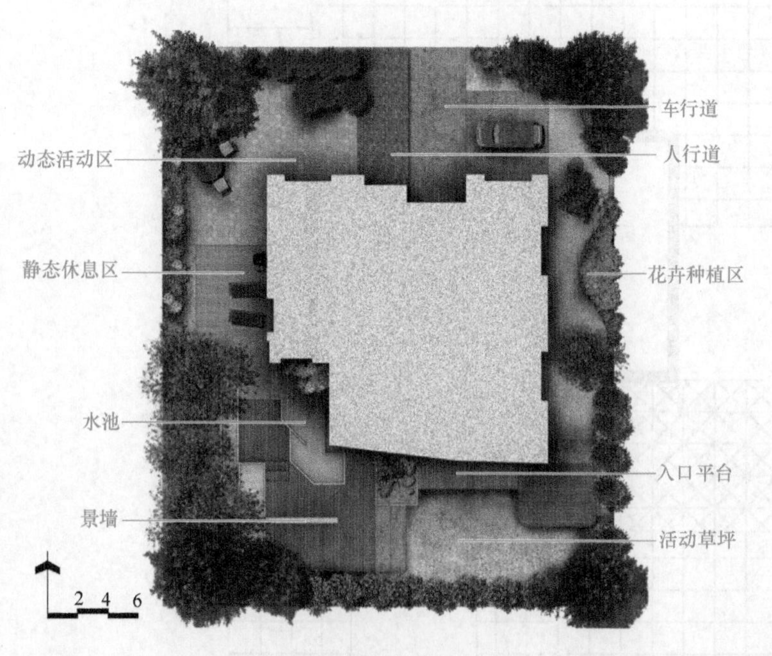

图 6-19　最终的平面方案

最终的平面方案（彩图）

图 6-20　空间构成

空间构成（彩图）

6.5　项目五

6.5.1　设计目标与内容

1. 入口缓冲区

保留了原有的停车位，在庭院与建筑入户门之间设置了入口集散区和缓冲区，车直接进入停车位，行人通过缓冲区直接入户。

2. 核心水景区

根据场地的形态和面积的大小，将最中心的位置，设置核心水景区，水池的两个区域设置了 0.5m 的高差，水景还设计了水幕墙，该处为整个庭院的视觉焦点。

3. 休闲纳凉、聚餐区

在后院西北侧有四棵保留的乔木，遮阴效果较好，因此区域设置休闲纳凉区，该区域也是业主在室外最主要的休息区。

4. 静态读书区

建筑左下角有一棵保留的银杏树，它的姿态优美，又有遮阴空间，建筑的两侧呈 L 形，将这里围合成了内凹的空间，适合人们驻足停留，因此在这里设置了静态读书区。

5. 儿童活动区

在凉亭和保留的银杏树之间设置儿童活动区，业主在这里休息的时候，可以让孩子在自己的视线范围之内活动，小块开敞的草坪和硬质铺装场地，为孩子提供了不同功能的活动空间。

6. 次入口缓冲区

在建筑的东侧是次入口，布局方式类似于主入口，也设置了缓冲区，十字形铺地形式强化了入口的功能。

7. 果蔬种植区

西侧的场地有1m的高差，同时，边界是通透的栏杆，所以该区域的日照、通风良好，适合果蔬的生长，因此将菜地和果树种植在此区域。

6.5.2 设计主题构成

该项目方案选用了矩形作为主要的设计主题，用于大部分主要的活动场地；而在场地西北侧的休闲纳凉区，则使用了圆形作为辅助的设计主题。

6.5.3 方案设计的推导与生成过程

首先，根据场地现状情况，以快速、抽象、概括的气泡图的绘制方式来进行功能划分（图6-21）。然后，在其基础之上确定一个设计主题，该项目选用了矩形作为主要的设计主题，圆形作为辅助的第二设计主题（图6-22）。接着，沿着概念草图里绘制的气泡图大致的边界位置，同时结合和参照网格图层相对应的位置，通过两个图层的叠加，可以清晰绘制出每个空间的边界线，根据这种推导的方式，绘制出具体的二维形式构成（图6-23）。再次，在形式构成的基础上，进行铺地、植物、景观小品等细节的设计，完成最终的平面设计图纸（图6-24）。最后，在平面图的基础之上，进行竖向空间的设计，包括植物的高度与形态、水池与水景墙的尺度与形式等（图6-25）。

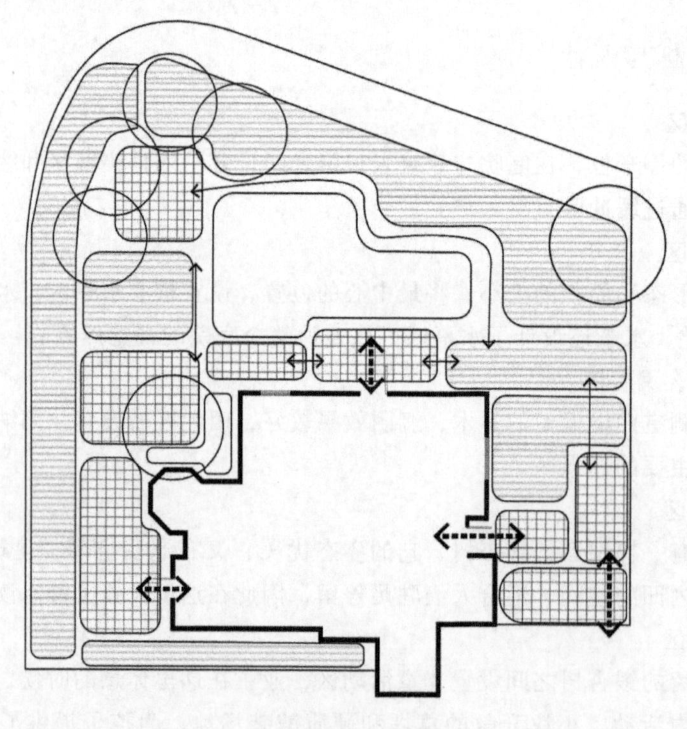

图6-21 概念方案

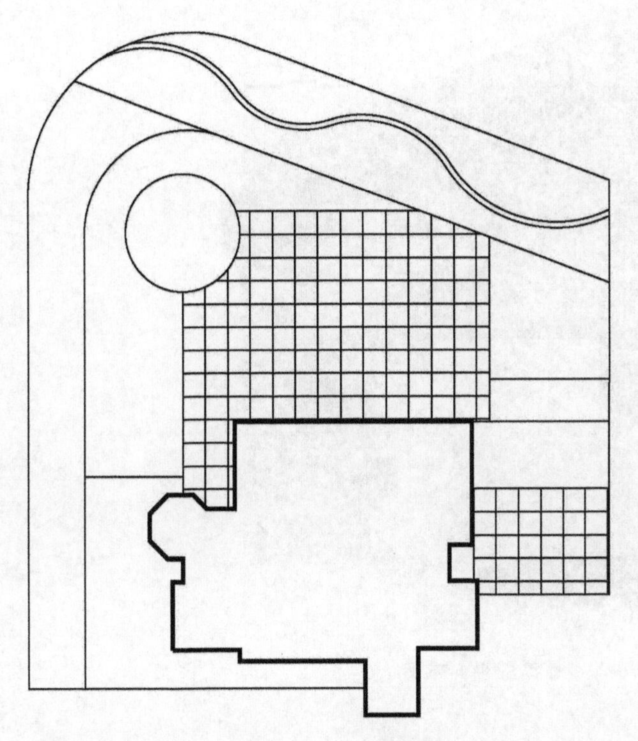

图 6-22　设计主题

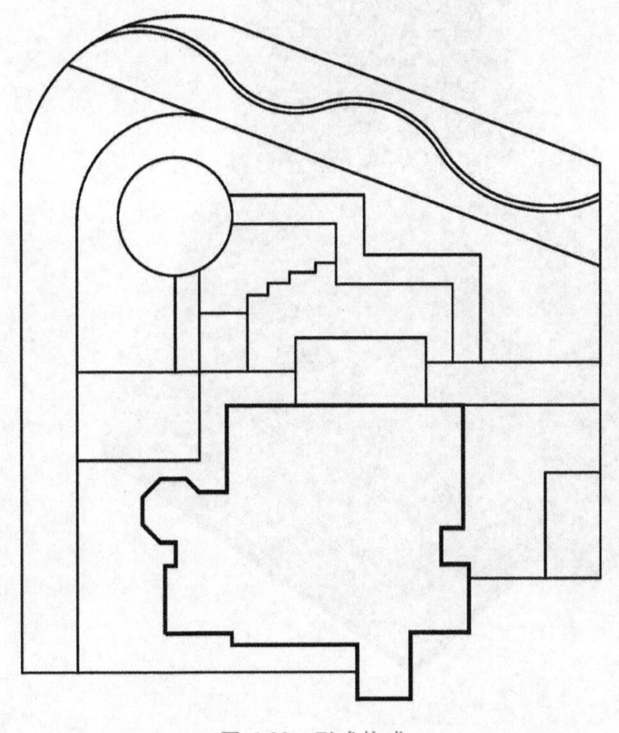

图 6-23　形式构成

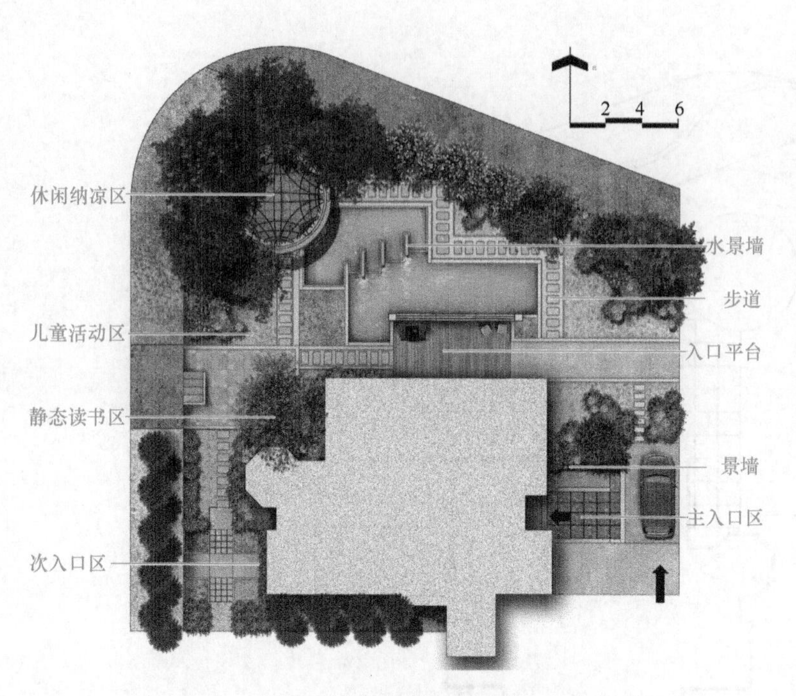

图 6-24　最终的平面方案

最终的平面方案（彩图）

图 6-25　空间构成

空间构成（彩图）

参考文献

[1] 布思，希斯. 住宅景观设计 [M]. 张海青，马雪梅，彭晓烈，译. 北京：北京科学技术出版社，2020.
[2] 布思. 风景园林设计要素 [M]. 曹礼昆，曹德鲲，译. 北京：北京科学技术出版社，2018.
[3] 里德. 园林景观设计：从概念到形式（原著第二版）[M]. 郑淮兵，译. 北京：中国建筑工业出版社，2010.
[4] 韦宇欣. 住宅庭院设计 [M]. 北京：中国建筑工业出版社，2017.
[5] 谢明洋，赵珂. 庭院景观设计 [M]. 北京：人民邮电出版社，2014.
[6] 孙筱祥. 园林艺术及园林设计 [M]. 北京：中国建筑工业出版社，2011.